HANNS GŰNTHER

FRA CENT'ANNI

HANNS GÜNTHER

FRA CENT'ANNI

LE FUTURE SORGENTI D'ENERGIA DEL MONDO

PRIMA VERSIONE ITALIANA AUTORIZZATA

con 14 illustrazioni nel testo e 12 tavole

EDITORE — ULRICO HOEPLI — MILANO
1934-XII

Lazarus

Industrie Grafiche Italiane STUCCHI - Milano, Via S. Damiano, 16
(*Printed in Italy*)

INDICE

1. — IL MONDO SENZA CARBONE

Nell'anno 1913 ebbe luogo un grande congresso internazionale di geologia. Fra le molte relazioni che vi furono lette, una delle più importanti si riferiva alla riserva di carbone della Terra.

Di solito una situazione esposta in cifre non si afferra facilmente. Ma questa volta anche le nude cifre sono riuscite a suscitare una certa emozione, poichè dietro l'arida statistica del carbon fossile prodotto e di quello che sarà ancora possibile estrarre dalle viscere della Terra, si eresse improvvisamente lo spettro minaccioso ed ammonitore di una futura carestia di carbone. Sul principio le cifre apparivano assai confortanti. I giacimenti di carbone oggi conosciuti — diceva la relazione — se coltivati fino a 1800 metri di profondità e nell'ipotesi che il consumo non cresca oltre l'attuale, basterebbero ancora per altri 6000 anni. Ma purtroppo non siamo in grado di utilizzare tutto il carbone ancora disponibile, poichè una gran parte dei giacimenti è così magra, che l'estrazione del carbone con i metodi moderni è impossibile o non redditizia. Inoltre una parte assai notevole del carbone estraibile va perduto sotto forma di polvere. Infine nei giacimenti sfruttati resta indietro una buona quantità di carbone, poichè in molte miniere bisogna lasciare sussistere dei pilastri di carbone a sostegno delle vôlte. Se ora si tengono presenti tutte queste circostanze ed in più il fatto che il fabbisogno di carbone sulla Terra cresce di anno in anno, non è più possibile parlare d'una durata di seimila anni. Nel caso più favorevole invece — concludeva la relazione — potremo arrivare con tutta probabilità a coprire col carbone ancora utilizzabile il consumo mondiale solo per altri 1500 anni.

Ma non dappertutto, bensì soltanto in media. Ciò è importante, persino decisivo. Le maggiori riserve di carbone si trovano negli Stati Uniti, ove basteranno probabilmente ancora per 2000 anni. L'Inghilterra, come si presume, fra 2000 anni non avrà più carbone e le miniere tedesche basteranno nel caso più favorevole solo ancora per quattro secoli. Ma qui rimane fra le quinte un fattore incognito: il costante incremento del consumo mondiale, che nessuno può prevedere come si svilupperà. Giacchè il carbone come combustibile e materia prima ha una parte essenziale nell'economia di ogni angolo della Terra e precisamente in misura tale che un mondo senza carbone è a mala pena immaginabile.

Cerchiamo una volta tanto di raffigurarci che cosa può significare un mondo senza carbone. Anzitutto mancherà il combustibile per riscaldarci e per far da cucina, poichè anche il gas deriva dal carbone; neppure la legna potrebbe sostituirlo, poichè le nostre stufe ed i nostri fornelli divorerebbero tutte le foreste del mondo in pochi anni. In secondo luogo cessazione o quasi del traffico ferroviario e marittimo; non solo, ma pure quello automobilistico ed aereo poichè prima ancora delle riserve di carbone saranno da tempo esaurite le sorgenti di petrolio della Terra, mentre i combustibili liquidi artificiali derivano ancora dal carbone. Inoltre il non aver più carbone significherebbe per la maggior parte dell'umanità rinunziare alla luce artificiale, poichè non essendovi più nè gas nè petrolio e siccome in moltissime parti del mondo l'elettricità viene prodotta bruciando carbone, si dovrebbe tornare alle fiaccole ed all'olio di balena.

Ma tutto ciò non sarebbe ancora che l'inizio, poichè naturalmente si chiuderebbero tutte quelle fabbriche che usano carbone per energia motrice e materia prima. Per esempio la grande industria chimica si basa per una buona parte sul carbone e sui prodotti delle cokerie. Ed ancora una cosa importantissima: la lavorazione dei minerali ferrosi non è possibile senza carbone; e senza la ghisa non si ha nè acciaio nè ferro malleabile. Mancando il ferro, si spegne tutta l'industria meccanica, la quale non potrebbe del resto esistere senza calore ed energia, pure forniti dal carbone. A sua volta, senza macchine nè attrezzi, i campi non verrebbero più coltivati nel limite necessario e l'umanità rischierebbe di morire di fame.

Non aver più carbone significa quindi in ultima analisi la scomparsa della civiltà. E siccome nessun popolo si adatterebbe di buon grado ad un simile declino, la prima conseguenza d'un'incipiente carestia di carbone sarebbe una guerra dei paesi poveri di carbone contro quelli che ne sono ancora abbondantemente provvisti. E guerra tanto degli uni che degli altri contro quegli Stati che posseggono delle riserve d'energia idraulica e che perciò in contrapposto ai possessori di carbone non consumano il capitale, bensì usufruiscono di una rendita perpetua.

Non sono mai mancate tuttavia delle opinioni contrarie, che hanno messo in dubbio l'esattezza della precedente statistica, poichè si scoprono sempre nuovi giacimenti di carbone e specialmente perchè in Asia ed Africa esistono ancora vastissimi territori che non hanno mai visto una sonda. Queste obbiezioni hanno la loro ragione d'essere, ma non possono infirmare l'affermazione che la Terra dispone solo di un capitale limitato di carbone. E siccome questo capitale viene continuamente attaccato, tosto o tardi se ne dovrà vedere la fine. Si è pure tirata in ballo la formazione di nuovi giacimenti; ma di ciò non si può tenere alcun conto poichè a questo processo naturale occorrono anni a milioni, laddove il consumo si misura a secoli.

Anche gli stadii intermedi della trasformazione delle piante in carbone e che costituiscono le nostre riserve in torba e lignite hanno un valore energetico assai minore del prodotto finale, tanto che non potranno mai bastare al progredire dell'umanità, per quanto importanti ne sieno i giacimenti in alcuni Stati. Il problema del carbone non è neppure risolvibile usando la massima economia. È bensì vero che oggi il carbone viene largamente sprecato, perchè lo si brucia direttamente in grandi quantità nell'economia domestica. Ma supposto anche che tutto il carbone venga dapprima cokerizzato e si bruci dappertutto soltanto del coke, le riserve durerebbero bensì più a lungo, ma non per questo aumenterebbero.

Queste considerazioni mostrano chiaramente che non vi è altra scappatoia della seguente: oggi il nostro capitale di carbon fossile assomiglia ad una candela accesa ai due estremi, poichè esso viene usato tanto alla produzione d'energia quanto come materia prima. La produzione d'energia lo consuma assai più rapidamente dell'uso come materia prima. Utilizzando perciò il carbone solo come materia prima le riserve terrestri di carbon fossile basterebbero ancora per dei millenni. Perciò occorre escludere il carbone dalla nostra produzione d'energia e sostituirlo con la maggior rapidità possibile con altre fonti energetiche.

Se si considera questo problema più davvicino e si passano in rassegna i mezzi atti a fornire energia ci si presenta anzitutto quella idraulica, che nei paesi poveri di carbone — come per esempio in Svizzera e Scandinavia — ha già da tempo detronizzato il carbone nella produzione dell'energia motrice. Ogni corso o salto d'acqua rappresenta un capitale energetico e la potenza complessiva di tutte le risorse idrauliche della Terra viene stimata ad oltre 450 milioni di cavalli vapore. Se per contro riteniamo che della produzione totale di carbon fossile nel mondo circa 1000 milioni di tonnellate servano oggigiorno alla produzione d'energia motrice, equiparabili a 250 milioni di cavalli vapore, ogni ulteriore considerazione appare oziosa: il carbone bianco potrà in caso di necessità sostituire in pieno il carbone nero.

Questo semplice calcolo non regge però ad un esame più approfondito. Anzitutto una buona parte delle risorse idrauliche viene già oggi utilizzata a produrre energia meccanica, in sovrappiù di quella ricavata dal carbon fossile. Su questa quota parte delle risorse idrauliche non si può perciò più contare per sostituirsi al carbone. Ma ancora più importante è la circostanza che proprio le riserve d'energia idraulica più grandiose si trovano in territori appena esplorati, lontani da ogni centro civile ed industriale. Della disponibilità complessiva, circa 190 milioni di cavalli vapore sono relegati nell'Africa più tenebrosa, ove l'acqua defluisce completamente inutilizzata. Altri 54 milioni di cavalli vapore sono seppelliti nelle foreste vergini, quasi inaccessibili, dell'America meridionale. Ulteriori 74 milioni appartengono all'Asia.

L'attaccare questi 314 milioni di cavalli al carro dell'umanità non è naturalmente un problema tecnico, bensì soltanto economico. Ma l'ulteriore problema di trasportare l'energia elettrica così ottenuta là ove attualmente occorre è un compito squisitamente tecnico, poichè oggigiorno non è ancora possibile far superare alle linee elettriche delle distanze di migliaia di chilometri. Ad ogni modo si arriverà nel prossimo avvenire anche a risolvere questo problema, al che, come si sa, occorre padroneggiare tensioni di milioni di volt non solo nei trasformatori ed interruttori, bensì anche sulle linee di trasmissione. E tutte le speranze sono autorizzate poichè già ora sono in esercizio linee a 330 mila volt. Forse potremo fra alcune decine d'anni servirci anche della trasmissione d'energia senza fili, che renderebbe superflue le linee aeree ed i cavi. Ciò che oggi si fa in radiotecnica sono i primi timidi passi su questa via.

Perciò possiamo tranquillamente ammettere che un bel giorno l'umanità potrà disporre di tutti i 450 milioni di cavalli vapore forniti dalle risorse idrauliche terrestri. Sarà allora definitivamente soddisfatta la fame d'energia? Purtroppo la risposta suona di nuovo negativa, poichè i 250 milioni di cavalli vapore ricavati dal carbone, di cui più sopra abbiamo visto necessaria la sostituzione, corrispondono solo a quella potenza che l'umanità consuma al giorno d'oggi. Ma l'esperienza insegna che il fabbisogno d'energia mondiale si raddoppia ogni vent'anni. Quindi già nel 1950 ben 500 milioni di cavalli vapore verranno richiesti dalle « stalle » industriali e nel 1970 saranno un miliardo. Nè abbiamo tenuto qui conto dei 35 milioni di veicoli a trazione meccanica esistenti sulla Terra secondo una recente statistica. Con una potenza media di 6 cavalli vapore per veicolo sono altri 210 milioni di cavalli vapore che si debbono fornire. Oggi questi autoveicoli marciano consumando i prodotti dei pozzi di petrolio.

Ma fra un tempo non troppo remoto, diciamo fra alcune decine d'anni, queste sorgenti saranno probabilmente prosciugate e bisognerà pensare a sostituirle con altro combustibile. Dovunque quindi giriamo lo sguardo vediamo che il fortemente crescente fabbisogno mondiale d'energia non potrà alla lunga venir coperto dalle sorgenti d'energia attuali. Neppure lo sfruttamento di tutte le risorse idrauliche di questo mondo basterebbero alla bisogna. Perciò le speranze che si ripongono in esse sono piuttosto chimeriche.

2. — PROGETTI INTORNO AL MEDITERRANEO

Ciononostante nell'energia idraulica si nasconde forse la salvezza poichè vi sono ancora molti milioni di cavalli vapore, che la statistica non ha finora considerato, perchè si occupa solo delle acque continentali.

Attraverso lo stretto di Gibilterra, per esempio, 88000 metri cubi d'acqua fluiscono ad ogni secondo dall'Atlantico nel Mediterraneo. Abbassando il livello di quest'ultimo di un 200 metri si potrebbe, dal salto così ottenuto, ricavare benissimo 160 milioni di cavalli vapore: più di un terzo della riserva idraulica continentale. Questa possibilità è stata suggerita per la prima volta da *Hermann Soergel,* il cui progetto paneuropeo è stato vivamente discusso. *Soergel* medesimo ha occasionalmente raccontato come gli sia venuta quest'idea: non per ragioni energetiche, ma in seguito a considerazioni d'economia politica. Il progetto mira, con un pacifico lavoro costruttivo, cui dovrebbero partecipare tutti i popoli europei, a migliorare le condizioni economiche dell'Europa occidentale.

Scopo dell'opera sarebbe l'utilizzazione delle energie idriche latenti del Mediterraneo ed un guadagno di territorio lungo le coste di quest'ultimo. *Soergel* vorrebbe con tal mezzo fare dell'Africa una fonte di materie prime ed uno sbocco di prodotti lavorati per l'Europa; l'avvicinamento dei due continenti servirebbe a creare un blocco da interporsi quale cuneo fra la capitalistica Panamerica ed una futura fortemente popolata Panasia. Torneremo brevemente più avanti sul lato politico di questa idea. Per ora c'interessano sopratutto le basi tecniche del progetto cioè il modo col quale lo si potrebbe realizzare. *Soergel* ritiene innanzitutto che circa 50 000 anni fa il livello del Mediterraneo doveva essere di un migliaio di metri più basso di oggi. A quell'epoca — egli dice — quasi la metà del territorio oggi sott'acqua era terraferma, fertile, abitata e probabilmente la culla della civiltà primordiale medioeuropea. Di conseguenza Europa, Asia ed Africa formavano a quel tempo un unico blocco continentale. Alla fine del successivo periodo glaciale ed in seguito a questo si ebbe il diluvio universale, immane catastrofica inondazione, che ridusse a mare milioni di chilometri quadrati di terraferma. Ne conseguì l'estensione e la forma attuale del Mediterraneo.

Ciò che vorrebbe *Soergel* non è altro che rifare a rovescio il lavoro dei passati millenni e precisamente con l'aiuto dei formidabili mezzi oggi a disposizione della tecnica. Il progetto si basa sul fatto che il Mediterraneo consuma annualmente circa 4150 chilometri cubi d'acqua per il semplice fatto che l'intensa radiazione solare, agendo sui due milioni e mezzo di chilometri quadrati della sua superficie, ne fa evaporare annualmente uno strato acqueo dello spessore di 1,65 metri. Il Mediterraneo è quindi un mare che evapora. Il suo livello s'abbasserebbe automaticamente di 1,65 metri all'anno se non venisse costantemente alimentato da afflussi esterni che ne compensano esattamente la perdita.

Il tributo d'acqua maggiore attraversa lo stretto di Gibilterra, nel quale l'acqua non è immobile come in tanti altri stretti e canali marittimi, bensì si riversa annualmente in ragione di

2762 chilometri cubi dall'oceano Atlantico nel Mediterraneo. Analogamente per i Dardanelli, solo che qui l'afflusso dal mar Nero è molto minore: 152 chilometri cubi annui. Altri 230 chilometri cubi d'acqua vengono immessi nel Mediterraneo dai fiumi che vi sfociano, specialmente dal Rodano, dal Po e dal Nilo. Il resto di 1000 chilometri cubi lo forniscono le precipitazioni annue sulla sua superficie. Da questa enumerazione il progetto di *Soergel* balza evidente: chiudere lo stretto di Gibilterra con una diga fra Tarifa e Tangeri (ved. la fig. 1 e la Tav. I) sbarrando alle acque atlantiche l'accesso al Mediterraneo. Sbarrare analogamente i Dardanelli con una diga presso Cianak. La conseguenza ne sarebbe un abbassamento annuo di circa un metro e mezzo del livello del Mediterraneo, in seguito all'evaporazione non più controbilanciata dagli afflussi esterni. Per accelerare la discesa del livello, *Soergel* pensa di collegare regioni sahariane che si trovano sotto il livello marino (presso Gabès in Tunisia e la depressione di Quattara in Egitto) col Mediterraneo, mediante canali d'irrigazione e impianti di pompe. In tal modo si potrebbe allagare parzialmente queste regioni e trasformare

— come voleva il vecchio progetto del mare sahariano — circa sei milioni di chilometri quadrati di inutile deserto, quasi sei volte la superficie della Francia, in fertilissimo terreno.

A ciò va aggiunto il guadagno di territorio ricuperato nel bacino del Mediterraneo, poichè *Soergel* vorrebbe proseguire l'abbassamento finchè il livello del mare viene a trovarsi 200 metri sotto quello attuale. Allora l'Adriatico scomparirebbe quasi completamente, la Sicilia verrebbe congiunta alla penisola, la Sardegna con la Corsica e tutt'intorno lungo le coste emergerebbero dal mare striscie di terreno larghe dei chilometri. In totale si guadagnerebbero circa 660 000 chilometri quadrati di nuovi territori (si cfr. la fig. 1) equivalenti all'estensione dell'Austria, Ungheria, Germania compresa Danzica e la Saar prese insieme ed invero terreni fertilissimi da colonizzazione, mentre le coste attuali sono per lo più rocciose e sterili.

Tutto ciò rappresenta però solo un lato di questa gigantesca ricostruzione geologica.

La quale prevede un progetto di produzione d'energia ancor più grandioso dal punto di vista tecnico. Su ciascun fianco dello stretto di Gibilterra andrebbe scavato un canale (Tav. I). Questi due canali addurrebbero gli 88 000 metri cubi d'acqua che ora l'Atlantico cede ad ogni secondo al Mediterraneo, a due colossali centrali idroelettriche che utilizzerebbero il dislivello esistente fra i due mari e prodotto dalla diga, per generare dell'energia elettrica; in pari tempo si pareggerebbe l'evaporazione del Mediterraneo appena questo avesse raggiunto l'abbassamento desiderato.

Con questo sistema *Soergel* calcola di ricavare 160 milioni di cavalli vapore. Naturalmente non si attenderebbe la fine del periodo d'abbassamento per mettere in funzione le centrali, poichè passerebbero parecchie decine d'anni. Piuttosto si metterà appena possibile in attività una prima parte delle macchine, per esempio quando il livello del Mediterraneo si fosse abbassato di 30 metri, per produrre l'energia necessaria alle pompe che debbono fornire l'acqua al Sahara ed alle macchine edili.

Col progredire del dislivello dei due mari, la produzione d'energia aumenterebbe continuamente. La potenza massima ricavata non solo basterebbe, insieme ai 7 milioni circa di cavalli vapore ottenuti in analogo modo ai Dardanelli, a fornire luce ed energia motrice ai nuovi terreni da colonizzare, ma sarebbe anche ed in larga misura disponibile per altri scopi.

Fig. 1.

Schizzo geografico relativo al progetto paneuropeo. Sono segnate in nero le terre sottratte al mare Mediterraneo mediante abbassamento del livello di quest'ultimo di 200 metri (660000 km²). Le regioni tratteggiate dell'Africa settentrionale sono quelle da rendersi coltivabili mediante irrigazione (6 milioni di km²).

Fin qui l'idea, che potrebbe entusiasmare un *Giulio Verne.* Ma che ne è della sua attuabilità? *Soergel* non vorrebbe erigere la grande diga di Gibilterra nel punto più stretto — con profondità marine fino a 500 — bensì secondo un arco fra la baia di Tangeri e gli scogli di Cabezo, lungo un percorso ricco di bassifondi, ove la profondità massima del mare non supera i 320 metri. La lunghezza della diga diventa allora di 29 chilometri; con 550 metri di larghezza alla base e 50 metri in corona, essa richiederebbe circa 10 miliardi di metri cubi di materiale che *Soergel* pensa di ricavare dallo scavo dei canali laterali. Naturalmente una diga in pura terra non sarebbe sufficiente che in caso di dislivello minimo delle acque da separare. Nel nostro caso occorre che la diga sia impermeabile e resistente alla spinta delle acque, poichè deve separare l'oceano Atlantico dal Mediterraneo, che ne è più profondo di 200 metri. Perciò il terriccio può venire in questione solo come materiale di riempimento. Le pareti della diga debbono essere in calcestruzzo colato, analogamente a quelle di altre dighe di ritenuta. Ciò richiede un lavoro subacqueo, quindi probabilmente l'uso di grandi cassoni e relativi pozzi per i palombari.

È assai dubbio che la tecnica riesca fin d'ora a risolvere questo difficile problema. Ma potrebbe darsi che fra alcune decine d'anni vi si arrivi. Il punto critico è naturalmente quello di congiungimento delle due metà della diga, alla cui costruzione si procederà partendo contemporaneamente dalle due rive. La chiusura dell'ultima apertura si presenterà estremamente difficile, poichè si dovrà sostenere l'intera spinta della poderosa corrente che oggi fluisce dall'Atlantico al Mediterraneo. Comunque si tratta alla fin dei conti sempre di un problema tecnico, che in qualche modo potrà venire risolto, come lo fu già in passato in scala minore. Questo non è però il caso per altre difficoltà, le quali appaiono perciò di maggior peso. Lungo le coste del Mediterraneo esistono numerosi porti, di cui taluni, come Genova, Marsiglia, ecc., d'importanza mondiale; orbene tutti questi porti diverrebbero inutilizzabili in seguito all'abbassamento del mare, dal quale verrebbero separati da chilometri di nuova terra. E come si comporterà il suolo quando scomparirà il carico d'acqua che ora preme contro le coste? Il sottosuolo del Mediterraneo non è affatto stabile, come del resto si può desumere dalla millenaria attività dei vulcani italiani.

Queste sono questioni rispetto alle quali le difficoltà d'ordine tecnico passano in seconda linea. Poichè tutti gli altri grandi particolari del progetto, come: conche di navigazione sui due lati delle dighe, una scala di conche lunga 75 chilometri all'imbocco del canale di Suez, centrali idroelettriche alle foci del Rodano e del Nilo, unità motrici di non ancor vista potenza; linee di trasmissione elettriche di migliaia di chilometri di lunghezza, allontanamento della coltre salina delle regioni prosciugate, dissodamento del terreno vergine, sono còmpiti che la tecnica potrà attaccare fra alcune decine d'anni. Anche le spese, previste in un primo tempo in 150 miliardi di lire, si potranno man mano coprire, dato che sembra assicurato un buon reddito dell'impresa.

Restano come fattori incogniti solo la natura e... gli uomini. *Soergel* dice apertamente: il fine ultimo del progetto paneuropeo è l'unione dell'Europa all'Africa in un unico poderoso blocco continentale fra la Panamerica e la Panasia. Saldare l'Europa all'Africa, prosciugando parzialmente il Mediterraneo ed irrigando una parte del Sahara, non significa altro che sostituire al centro attuale d'interessi mediterraneo uno più grandioso cui partecipano tutti i popoli europei.

Questo progetto di straordinaria importanza per l'economia mondiale implica numerosi capovolgimenti delle condizioni politiche attuali. Il dominio ora esercitato dall'Inghilterra sullo stretto

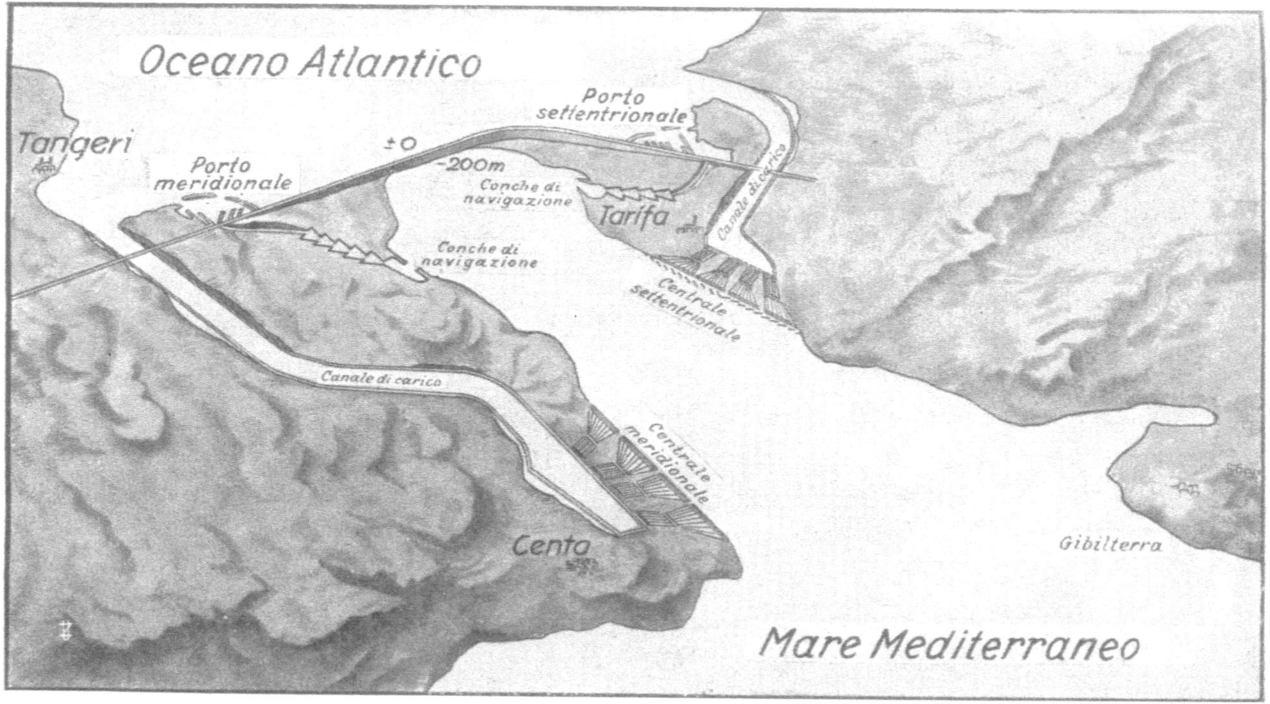

TAVOLA I.

Lo stretto di Gibilterra con la diga prevista da Soergel, lunga 29 chilometri, che deve sbarrare l'accesso delle acque atlantiche al Mediterraneo, ed in pari tempo realizzare la produzione di 160.000.000 di cavalli-vapore in due gigantesche centrali idroelettriche.

di Gibilterra verrebbe fortemente scosso; l'Italia s'ingrandirebbe al doppio. Tutto dipenderebbe da una diga, che se fatta saltare in tempo di guerra, non potrebbe più impedire l'affogamento di milioni di esseri e la sommersione di territori più estesi, come vedemmo, della Germania. Chi proteggerebbe gli Stati interessati da una simile catastrofica possibilità? Chi assicura i canali d'irrigazione, le linee ad alta tensione attraversanti tanti paesi e tante frontiere?

La risposta è implicita nella domanda: la realizzazione del progetto della Paneuropa presuppone un cambiamento radicale dell'intera costellazione europea, che faccia piazza pulita della vecchia suddivisione in Stati antagonisti. Fin qui il geniale piano di *Soergel*, benchè sembri tecnicamente realizzabile, non è che un'utopia. Ma fra cent'anni potrebbe darsi che prenda corpo, come primo grandioso atto comune dei nuovi Stati Uniti d'Europa.

* * *

Su considerazioni completamente differenti si basa un progetto francese per cavare dell'energia dal Mediterraneo ed il cui promotore è *Pierre*

Gandrillon. In quanto ad importanza, esso è di gran lunga inferiore a quello della Paneuropa, ma tecnicamente presenta delle basi più solide, tanto che lo si potrebbe realizzare già fin d'ora. In più ha il vantaggio di poterlo ripetere in numerosi punti della Terra, ovunque cioè esistano le necessarie condizioni naturali. Il principio fisico su cui si basa è molto semplice e facile ad afferrarsi.

Immaginiamoci due serbatoi d'acqua, uno al livello del mare, l'altro su una montagna. Collegandoli potremo stabilire una salto d'acqua perenne, atto a far funzionare una centrale idroelettrica, a patto che il serbatoio superiore sia inesauribile e l'inferiore dissipi ad ogni istante una quantità d'acqua eguale a quella che riceve.

Chi considera più dappresso questa specie di pseudo moto perpetuo riconosce ben tosto che le suddette condizioni, apparentemente assurde, si possono realizzare in molti punti del globo, ed anzi, ch'esse sono le mille volte già in atto, poichè i nostri fiumi scorrono in seguito all'identico principio. Il serbatoio elevato ed inesauribile è per essi l'atmosfera, le cui precipitazioni alimentano tutte le sorgenti, ed il serbatoio inferiore, dal quale scompare costantemente la massa d'acqua addottagli, è il mare, che — riscaldato dai raggi del sole — funziona da gigantesca caldaia naturale e rimanda nell'atmosfera tutta l'acqua dolce, che riceve dai fiumi, sotto forma di vapore. Di conseguenza il nostro pseudo moto perpetuo non sarebbe altro che un tentativo dell'uomo di sostituirsi alla natura, modificandone le condizioni in modo da poter aggiungere alle cascate già esistenti dei nuovi perenni salti d'acqua artificiali.

Tutto ciò ha del fantastico, ma il progetto appare tosto assennato appena che, secondo le proposte di *Gandrillon,* invertiamo completamente il processo naturale su cui si basa. Allora la funzione di serbatoio elevato inesauribile spetta al mare.

Nessun dubbio. ch'esso praticamente non lo sia. In particolare *Gandrillon* pensa anzitutto al Mediterraneo, perchè le sue regioni costiere dell'Africa settentrionale e dell'Arabia contano numerose depressioni che potrebbero venire utilizzate come serbatoi inferiori. Citiamo come esempio il Chott El Gharsa in Tunisia (21 metri sotto il livello marino) ed il Chott Melghir in Algeria

(30 metri sotto il livello del mare), indi la regione fra Augila e Siwa nel deserto libico (30 metri sotto il livello marino), ma specialmente la depressione di El Ghor nella valle del Giordano col lago di Tiberiade al nord (208 metri sotto il livello marino) ed il mar Morto al sud, il quale si trova a 394 metri sotto il livello del mare Mediterraneo, sicchè si ha qui disponibile un salto di quasi 400 metri.

In tutte queste regioni è anche assicurato l'esaudimento della seconda condizione, poichè sono zone in cui l'irradiazione solare è particolarmente intensa, le precipitazioni sono scarsissime, le temperature assai elevate (nella valle del Giordano si hanno già oltre 40 gradi centigradi in maggio) epperciò soggette ad una forte evaporazione delle acque. Il compito quindi di eliminare l'acqua fluente nel serbatoio inferiore del nostro progetto è qui assunto dal sole, nell'ipotesi naturalmente che si regoli l'afflusso idrico in base alla potenzialità d'evaporazione.

Come abbiamo già accennato non si tratta di un vero moto perpetuo, bensì pseudo perpetuo; anche qui all'energia ricavata si contrappone, come vuole il principio della conservazione dell'energia, un altrettanto grande consumo d'energia. Ma questo lavoro non viene eseguito dall'uomo con mezzi terrestri, bensì dal sole, di cui possiamo così utilizzare indirettamente il calore irraggiato.

In definitiva il progetto di *Gandrillon* è una centrale solare. Ma non uno di quei lamentevoli tentativi, che ricorrendo a costosi mezzi ottici, vogliono riscaldare una minuscola caldaia concentrandovi sopra i raggi solari. *Gandrillon* approfitta invece dello stesso processo che assicura il ciclo delle acque terrestri: l'evaporazione delle acque superficiali di quelle gigantesche caldaie naturali che sono i mari ed i fiumi.

S'intende che anche in questo caso la natura ha anteposto il sudore al premio, giacchè il progetto non si può realizzare senza superare delle difficoltà. Tutte le depressioni che il progetto considera non sono separate dal Mediterraneo soltanto da larghe strisce di territorio costiero, ma anche da rilievi montuosi. Perciò si tratta anzitutto di escogitare un mezzo pratico e non troppo costoso per collegare i due serbatoi ad onta di questo ostacolo. *Gandrillon* propone di vincere la difficoltà nel modo indicato nella fig. 2.

Questo schema rivela di primo acchito che l'idea fondamentale del *Gandrillon* deriva senz'altro dal sistema moderno di accumulazione d'energia da parte delle centrali idroelettriche o termoelettriche. Fra il mare e la fossa d'evaporazione si trova qui inserito, come terzo membro del sistema, un serbatoio elevato, che corona il vertice del rilievo montuoso intermedio. Delle gigantesche pompe aspirano l'acqua dal mare innalzandola fino al serbatoio in questione. Da qui essa scende lungo condotte forzate fino alle turbine della centrale idroelettrica, per poi scaricarsi nel grande serbatoio d'evaporazione. Se il salto motore è maggiore del dislivello che debbono vincere le pompe, allora all'azionamento di queste basta solo una parte dell'energia prodotta, mentre il resto diventa disponibile per altri usi.

Gandrillon applica questa idea alle condizioni di cose della valle del Giordano, che all'altezza del lago di Tiberiade una striscia di terraferma larga una cinquantina di chilometri separa dal Mediterraneo. A circa 20 chilometri dalla costa l'altitudine di questa striscia è di una ottantina di metri (si cfr. la Tav. II). In tal punto verrebbe costruito secondo il progetto *Gandrillon*, il serbatoio intermedio cui addurre, mediante potenti pompe, l'acqua del Mediteraneo. Dal serbatoio, e quindi ad un'altezza di 80 metri sul mare, l'acqua, convogliata in una galleria, giungerebbe ad un pozzo piezometrico sull'altro lato della montagna; da qui partirebbero le condotte for-

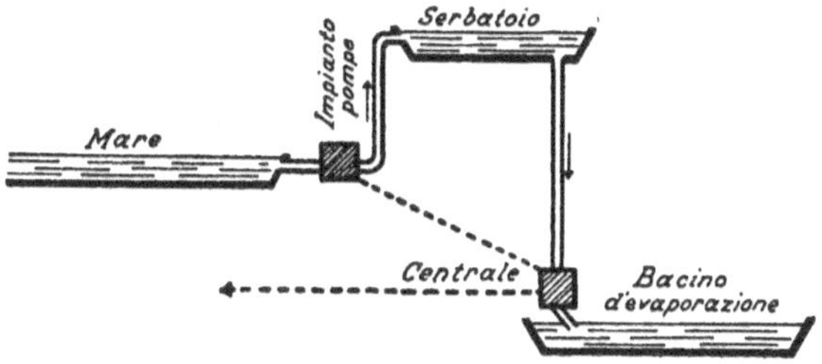

Fig. 2.

Schema del progetto di ricavare dell'energia dal Mediterraneo collegato a depressioni naturali del terreno.

zate scendenti per circa 300 metri fino alla prima centrale presso il lago di Tiberiade, a 208 metri sotto il livello del Mediterraneo. Dopo aver azionato le turbine l'acqua viene condotta mediante un canale a pelo libero scavato di fianco al letto del fiume Giordano, fino in vicinanza del mare Morto, ove in una seconda centrale viene utilizzato il resto del salto disponibile, cioè altri 180 metri. Il canale di scarico di questa seconda centrale sboccherebbe infine nel Giordano presso il Mar Morto.

Per calcolare quale potenza è ricavabile da un simile impianto dobbiamo dapprima conoscere la capacità d'evaporazione del calore solare. Nelle saline francesi evapora giornalmente, sotto l'azione del sole uno strato d'acqua alto 16 millimetri. Ma qui si tratta di bacini poco profondi, mentre quando la profondità dell'acqua è notevole si può calcolare al massimo su 3 a 6 millimetri. Vi corrisponde il bilancio d'evaporazione del Mar Morto, poichè dai suoi 926 chilometri quadrati di superficie evaporano attualmente ad ogni secondo circa 100 metri cubi d'acqua. Questo calo dovuto all'evaporazione non è percettibile, poichè viene esattamente colmato dagli affluenti, in ispecie dal Giordano. Se partiamo da queste premesse ne consegue che un contributo idrico dal Mediterraneo deve far salire il livello del mare Morto, e precisamente un semplice calcolo ci informa che con un afflusso di 30 metri cubi al secondo il livello del mare Morto s'alzerebbe di un metro all'anno.

Questo calcolo presuppone però un serbatoio

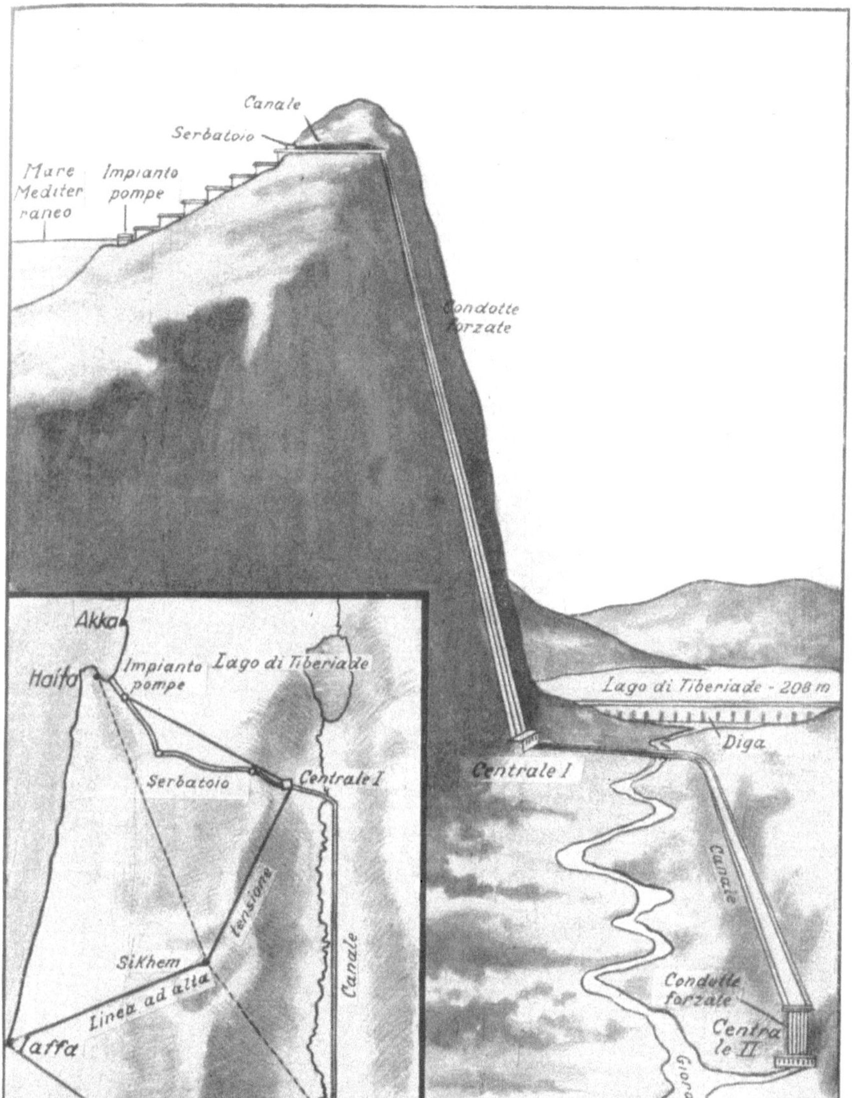

TAVOLA II.

(*Vedasi a tergo la didascalia*)

A sinistra, in alto, il Mediterraneo, da cui un grande impianto di pompe manda l'acqua in un serbatoio elevato intermedio. Da qui, attraverso gallerie e condotte forzate, l'acqua precipita nelle turbine di una prima centrale idroelettrica nella valle del Giordano. Un canale la conduce poi ad una seconda centrale in riva al Mar Morto.

a pareti verticali, mentre il mare Morto è limitato a nord ed a sud da vaste regioni desertiche, sulle quali naturalmente si espanderebbero le acque provenienti dal Mediterraneo. Di conseguenza la superficie d'evaporazione s'estenderebbe notevolmente e di pari passo aumenterebbe il coefficiente d'evaporazione, precisamente di 11 metri cubi al secondo per ogni 100 chilometri quadrati di nuovo specchio acqueo. Se si commisura in conseguenza l'afflusso dal Mediterraneo, si possono, con mezzi relativamente modesti, ricavare 20 000 cavalli vapore dalle due centrali, senza cambiare per nulla le attuali condizioni idrologiche.

Una simile bassa potenza non avrebbe ovviamente che un'importanza locale. Perciò il progetto di *Gandrillon* mira assai più lontano. Esso prevede di trasformare il mare di Tiberiade in un bacino di ritenuta delle acque del Giordano e di utilizzare anche l'acqua degli altri fiumi che si riversano nel mar Morto per irrigare regioni che presentemente, per la loro grande siccità, non si possono coltivare. Questa sistemazione permetterebbe di aumentare di tanto l'afflusso dal Mediterraneo da poter ricavare circa 250 000 cavalli vapore dalle due centrali idroelettriche. D'altronde per alcuni decenni si potrebbe tranquillamente versare nel Mar Morto più acqua di quanto ne evapora, poichè il piccolo aumento annuo di livello che ne risulterebbe, non porterebbe danno a nessuno, mentre la potenza elettrica ricavabile raddoppierebbe.

Infine va ancora osservato che le regioni costiere del Mediterraneo non sono le sole che offrano la possibilità di realizzare simili progetti. Poichè numerosi altri punti del globo, per esempio il mar Caspio (— 26 metri), il lago di Assalé in Eritrea (— 120), la regione del lago Salton in California (— 75), presentano tutti i requisiti necessari ad uno sfruttamento del genere. Ne consegue che il progetto di *Gandrillon* porta un notevole contributo alla futura economia energetica della Terra. Sopratutto se, sull'esempio del piano paneuropeo, lo si collega con l'idea di creare dei grandi mari interni nelle regioni oggi desertiche, per cambiarne radicalmente il clima e farne dei centri di colonizzazione. A questo abbinamento si dovrà del resto già tendere in futuro per ragioni economiche.

3. — SI UTILIZZERANNO LE ONDE DEL MARE?

La tecnica è sempre stata paragonabile ad un uomo che mette volentieri molti ferri al fuoco. A questo principio resta fedele anche nel nostro caso. Essa si dice a ragione che, oltre al carbone fossile ed alle energie idrauliche, la nostra Terra è prodiga di molte altre fonti d'energia. Perciò conviene stabilire quali di esse sono le più convenienti. E l'inventario è presto fatto. Lasciando da parte il carbone, gli olii minerali, i fiumi e le cascate rimangono in questione:

1°) L'immensa quantità di calore che la Terra riceve dal Sole.

2°) Il calore incommensurabile accumulato nell'interno del nostro pianeta.

3°) Le correnti dell'oceano aereo, che noi chiamiamo venti.

4°) Le onde del mare che percuotono tumultuosamente le nostre coste.

5°) Il perenne moto alternativo delle maree provocate dall'attrazione lunare.

Dell'irraggiamento solare, dei venti e del calore terrestre ci occuperemo più avanti. Diciamo invece ora due parole intorno alle onde del mare. La loro energia si palesa specialmente quando urtano contro una riva rocciosa sotto forma di frangenti. Il loro impeto è tale da sollevare e schiantare bastimenti di notevole mole. In simili onde si nascondono delle forze occasionalmente d'entità inimmaginabile. L'inglese *Stevenson* ha cercato di misurarle, riscontrando delle pressioni di 15÷35 tonnellate per metro quadrato di costa.

Ragionando su questa base troviamo per esempio che la costa occidentale della Francia, nota per i suoi potenti frangenti, viene per opera di un solo poderoso colpo di vento, urtata da un'onda la cui energia cinetica corrisponde al lavoro ottenibile da 100 milioni di cavalli vapore.

Ma non ha alcun senso l'ammirare tali cifre, poichè si tratta unicamente di valori istantanei, sui quali cioè non si può contare a lungo. Là dove

TAVOLA III.

Progetto americano di una centrale utilizzante il moto ondoso in base al principio dell'ariete idraulico.

oggi, sotto la sferza della burrasca, le onde scatenate sfondano impetuosamente gli argini e sommergono degli interi villaggi, domani può regnare la più olimpica calma. E la medesima spiaggia rocciosa che trema un certo giorno sotto il rimbombante martellamento delle onde, può forse già il giorno dopo invitare al bagno. Questa variabilità delle condizioni del mare è il più grave ostacolo all'utilizzazione dell'incessante gioco delle onde, poichè le premesse più importanti per uno sfruttamento industriale sono la continuità e la stabilità.

Ciononostante si fanno sempre nuovi tentativi di costruire motori mossi dalle onde. La maggior parte di essi sono in verità di tipo assai primitivo, poichè si limitano a mettere in pratica un'idea ovvia: quella d'utilizzare il moto alternativo verticale d'un galleggiante. Questo moto viene trasmesso mediante meccanismi ad una pompa avente l'ufficio di riempire un serbatoio elevato con acqua di mare; a sua volta quest'acqua è destinata ad azionare una turbina accoppiata con un generatore di corrente elettrica. In altri casi, invece che a galleggianti, si è immaginato d'appendere verticalmente dei tavoloni lungo la costa e che per l'urto delle onde, vengono fatti oscillare a guisa di pendolo. Il moto oscillante viene trasmesso mediante aste a pompe comprimenti dell'aria che, accumulata in grandi serbatoi, servirebbe a produrre energia mediante motori ad aria compressa.

Tutto ciò appare abbastanza fattibile sulla carta. Ma bisogna guardarsi bene dal verificare queste possibilità col calcolo. Ogni trasformazione di un moto in un altro consuma energia e nel nostro caso di queste trasformazioni se ne susseguono parecchie. Il risultato ne è un rendimento assai basso. Tenendo presente la variabilità dell'energia da cui si parte, l'incostanza cioè del moto ondoso, si riconosce senz'altro la poca praticità di simili progetti.

I loro proponenti sostengono peraltro che l'energia delle onde è illimitata ed inesauribile, per cui anche un basso rendimento non ha importanza. Inoltre tali impianti sono da immaginarsi eseguiti in grande stile. Come galleggianti dovrebbero per esempio servire dei grandi scafi, da ancorarsi a dozzine l'uno di fianco all'altro nei luoghi più battuti dalle onde, ed il cui moto alternativo verticale si dovrebbe trasmettere mediante possenti leve a ponte ad un meccanismo motore. In realtà un simile macchinoso sistema fornirebbe certo un buon numero di chilogrammetri al giorno. Peccato però che più l'impianto è grandioso e più si palesa debole in un altro punto: il collegamento degli scafi alla terra ferma non dev'essere troppo pesante e purtuttavia assai robusto. Con degli sforzi d'onda così spettacolosi come quelli misurati dallo *Stevenson*, ogni tentativo rischierebbe di risolversi in un disastro.

Ma vi è ancora un'altra possibilità di ricavare dell'energia dalle onde del mare. Si basa su di essa il progetto americano visibile nella Tav. III, l'unico, a quanto sembra, che abbia senso pratico. Per comprenderlo dobbiamo approfondire un poco le nostre conoscenze.

Prenderemo le mosse da un fenomeno che ci è assai noto: il forte colpo che si sente quando si chiude molto rapidamente il rubinetto di una condotta d'acqua potabile. Questo colpo proviene dal fatto che arrestando improvvisamente il deflusso dell'acqua mediante chiusura del rubinetto, la sua energia si spegne sotto forma d'urto violento contro le pareti della condotta. Ed il colpo può essere così forte da far saltare la condotta medesima. Se però questa ha in vicinanza del rubinetto un punto di fuga, il contraccolpo si manifesta in altro modo: nell'istante nel quale viene chiuso il rubinetto l'acqua schizza fuori con un alto getto attraverso l'apertura.

Una breve riflessione ci dimostra che questo fenomeno si può utilizzare a sollevare dell'acqua. Cosa ormai nota da più di un secolo, dacchè cioè nel 1796 *Giuseppe Michele Montgolfier,* uno dei due fratelli che fecero ascendere il primo pallone aerostatico, costruì una macchina idraulica che sollevava automaticamente dell'acqua basandosi sul precedente principio e che venne chiamata ariete idraulico. La figura 3 mostra schematicamente il dispositivo. Un tubo di caduta abbastanza largo ed alimentato da un vasto serbatoio è chiuso in basso da una valvola. Il corpo V_1 di questa valvola è così pesante che la pressione della colonna d'acqua in quiete non è sufficiente a sollevarlo. Epperciò la valvola resta aperta e l'acqua ne defluisce liberamente. Dopo poco tempo però la crescente velocità d'efflusso della colonna idrica diventa tanto grande che l'acqua trascina con sè verso l'alto il corpo della valvola.

Ne consegue la chiusura di quest'ultima e la cessazione dell'efflusso.

Ciò determina una forte sovrappressione nel tubo di caduta, per il cui effetto si apre la val-

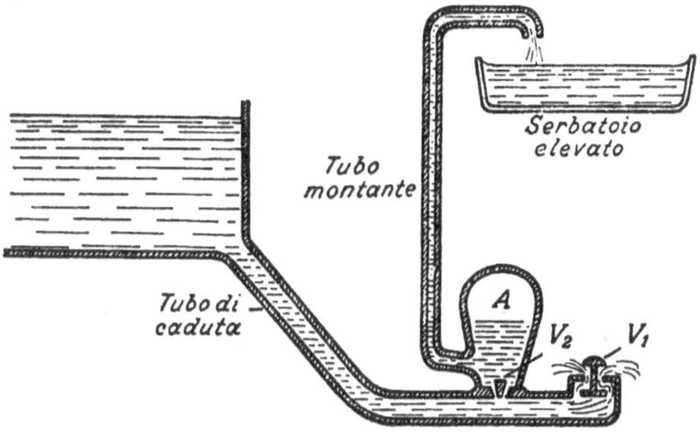

Fig. 3.

Schema del funzionamento d'un ariete idraulico.

vola V_2 praticata nelle pareti del tubo. Una parte dell'acqua defluisce allora con grande velocità e quindi con violenza nella cassa *A*. L'aria in questa contenuta ne viene compressa e l'acqua cacciata nel tubo montante che la riversa nel serbatoio superiore. Appena che l'energia della colonna d'acqua scendente nel tubo di caduta si è in tal modo esaurita, la valvola V_2 si chiude di nuovo sotto il peso dell'acqua soprastante in riposo. Contemporaneamente si riapre la valvola V_1 e con ciò rincomincia da capo il ciclo di funzionamento dell'apparecchio.

Esso si ripete finchè l'acqua uscente dalla valvola V_1 ha una velocità sufficiente. La cassa di aria *A* provvede a che le variazioni di pressione dovute ai colpi d'ariete si livellino nella condotta montante, dall'estremità superiore della quale l'acqua defluisce allora uniformemente.

Ciò premesso ritorniamo all'impianto schizzato nella Tav. III, di cui è ora facile capire il funzionamento. Il serbatoio d'alimentazione del tubo di caduta è qui sostituito dal mare e la pressione idraulica che deve generare la velocità di flusso necessaria, è fornita dall'urto delle onde. I grandi imbuti galleggianti sono captatori d'onde che trasformano l'urto delle onde in corrente. La soprappressione di questa corrente spinge l'acqua nei condotti ascendenti, che la riversano in un serbatoio elevato o bacino di ritenuta. Il salto che se ne ricava alimenta una centrale idroelettrica del solito tipo. In tal modo le cose prometterebbero di marciare. L'incostanza del moto ondoso viene compensata dal serbatoio intermedio. E se si regola convenientemente il consumo d'acqua della centrale, in modo che il serbatoio non risulti mai vuoto, si può sperare in un funzionamento continuativo dell'impianto.

Anche le difficoltà meccaniche sono qui assai minori poichè non occorrono organi complicati di trasmissione. Altra questione è quella della spesa. Costruiti nelle necessarie imponenti dimensioni, simili impianti verrebbero probabilmente a costare tanto da escluderne un esercizio redditizio. Questa circostanza non avrebbe alcun peso solo quando nel tardo futuro l'uomo fosse assolutamente costretto ad utilizzare le onde marine come sorgente d'energia. Come vedremo in seguito, di questa necessità non c'è neppure da parlarne. Vi sono altre possibilità più accessibili e promettenti risultati migliori. Perciò in una seria rassegna delle energie sfruttabili le onde del mare non possono trovare posto.

4. — LE MAREE AL SERVIZIO DELL'UMANITA'

Ogni 24 ore la Terra gira una volta intorno a sè stessa. Nello stesso intervallo di tempo la Luna avanza solo di un piccolo tratto lungo la sua orbita, poichè, come si sa, essa impiega circa quattro settimane a compiere una intera rivoluzione intorno alla Terra. Questo suo moto reale è appena percettibile rispetto a quello apparente, che risulta dalla rotazione terrestre. Noi ci accorgiamo del movimento di rotazione della Luna intorno alla Terra perchè sorge ad ore diverse e per via delle sue fasi: ogni quattro settimane circa abbiamo un plenilunio e in un tempo poco minore, come abbiamo detto, ha luogo una rivoluzione lunare intorno alla Terra.

Ora la Luna descrive un'orbita intorno al nostro pianeta per via dell'attrazione che questo esercita su di essa. Inversamente la Terra risente gli effetti dell'attrazione esercitata su di essa dal suo satellite. Questi effetti sono principalmente palesi laddove la superficie terrestre è ricoperta dal mare, poichè l'idrosfera ubbidisce assai più facilmente all'attrazione lunare che non la crosta terrestre.

La conseguenza ne è il fenomeno illustrato schematicamente nella fig. 4 [1] e noto col nome di marea; in corrispondenza della faccia *A* della Terra rivolta verso la Luna, il mare si solleva. Ma esso si rigonfia anche sulla faccia opposta *D*. In questo punto l'effetto dell'attrazione lunare è meno energico sull'acqua che sul centro della Terra, poichè questo è più vicino alla Luna; grossolanamente si potrebbe dire che in *D* la Luna toglie in certo qual modo al mare la terra sotto i piedi. La conseguenza ne è, come in *A*, un rigonfiamento dell'acqua, che si solleva rispetto alla terraferma. Questo sollevamento del mare rispetto alle coste costituisce l'alta marea.

Il suo necessario contrapposto è la bassa marea: nei punti *B* e *C*, situati a 90° rispetto ad *A* e

(1) Si è immaginato per semplicità nella fig. 4 che il mare ricopra tutta la Terra. Le condizioni reali non si possono bene rappresentare in così piccola scala.

D, il mare s'abbassa quando in *A* e *D* si solleva. Siccome però la Terra compie ogni 24 ore un giro intorno al proprio asse, il punto *A* viene a trovarsi dopo sei ore laddove è ora *B*. In altre parole: dopo sei ore si ha bassa marea in *A*. Ma siccome nel frattempo *B* si è portato in *D* così si

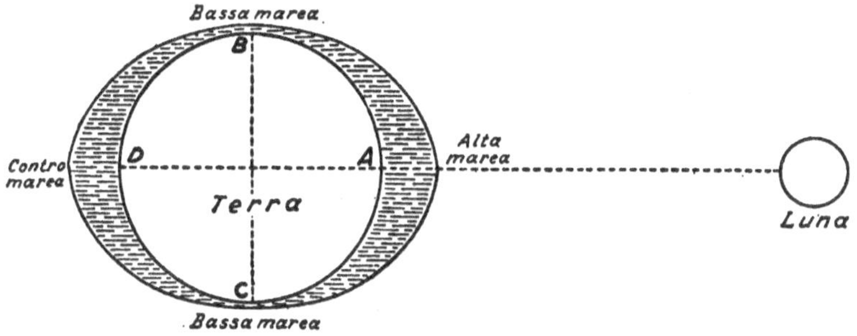

Fig. 4.

Rappresentazione schematica del fenomeno delle maree.

avrà in tal punto un'alta marea. Dopo altre sei ore *A* si è spostato di 180° rispetto alla sua posizione in fig. 4, è cioè in *D*, epperciò ha di nuovo alta marea, mentre *B* si trova in *C* con marea bassa. Analogamente avviene per *C* e *D* ed in generale per tutti gli altri punti della Terra.

Ne consegue che ovunque la crosta terrestre è coperta dal mare si hanno nelle 24 ore circa due alte maree e due basse maree. La bassa marea si esplica con l'allontanarsi delle acque dalle rive; una striscia di queste rimane a secco, mentre con l'avvento dell'alta marea questa striscia viene sommersa di nuovo. Il moto proprio della Luna intorno alla Terra e la ripartizione della superficie di questa in mari e continenti non cambiano in complesso il carattere delle maree.

Ne nascono, invece, delle condizioni particolari per singoli punti della Terra. Così per esempio nel Mar Baltico e nel Mediterraneo, che sono collegati al mare aperto solo attraverso passaggi molto stretti, l'effetto delle maree è ridotto al minimo. In generale la differenza fra bassa ed alta marea è normalmente di circa tre metri. Ma vi sono delle regioni costiere, la cui situazione e conformazione favorisce in modo particolare l'esplicarsi della corrente di marea, sì che questa può raggiungere un'altezza di 10 a 12 metri.

In Europa le condizioni più vantaggiose a tale riguardo si presentano sulle coste occidentali della Francia e sud-occidentali dell'Inghilterra ed Irlanda, specie nelle insenature simili ai fiordi e negli estuarii molto lunghi e stretti dei fiumi. In simili località si formano nel periodo delle sizigie [1] delle intumescenze d'acqua alte fino a 16 metri, che con velocità crescente corrono entro terra per poi ritrarsi altrettanto rapidamente verso il mare. Alle sizigie l'ascesa (flusso) dura cinque ore, la discesa (riflusso) sette ore e mezza. Con le maree normali si può calcolare per ciascuno dei due periodi sei ore e un quarto.

Che il moto di così grandi masse d'acqua rappresenti una immensa riserva d'energia, è cosa ovvia. Dei tentativi di calcolarne almeno approssimativamente il valore hanno mostrato che, dopo l'irraggiamento solare, le maree costituiscono la più grande sorgente d'energia a disposizione dell'uomo. La loro potenza viene valutata in undici miliardi di miliardi di cavalli vapore. In confronto, i miliardi di cavalli vapore di cui l'umanità avrà presumibilmente bisogno fra mezzo secolo, diventano un nonnulla.

Ma questo immenso tesoro energetico non è molto diverso da quello così allettante del-

[1] Le maree delle sizigie hanno luogo con Luna nuova e cou Luna piena; allora appunto il Sole si trova in congiunzione od in opposizione con la Luna, e gli effetti dei due astri si sommano dando luogo alle maree massime. In contrapposto gli effetti si contrastano quando i due astri sono in quadratura, cioè al primo ed ultimo quarto di Luna; si hanno allora le marce minime.

l'oro contenuto nel mare. Quest'oro esiste negli oceani in ragione di 5000 chilogrammi ogni chilometro cubo d'acqua. Ma disgraziatamente si tratta di un tesoro inafferrabile, poichè l'oro si trova diffuso nell'acqua del mare in una proporzione così minima che la spesa della sua estrazione salirebbe a dieci volte il suo valore. Analogamente stanno le cose con l'energia delle maree. Essa esiste, ma è sfruttabile solo in minima parte. Poichè a questo scopo occorre che si verifichino delle ben determinate condizioni, riscontrabili solo in pochi punti della Terra.

La difficoltà principale risiede nelle fortissime variazioni dell'energia disponibile. La marea incomincia a montare adagio adagio per divenire sempre più forte e raggiungere dopo circa sei ore abbastanza rapidamente il suo valore massimo. Poco dopo l'acqua si mette di nuovo a calare, dapprima lentamente, poi sempre più rapidamente, finchè dopo altre sei ore circa la sua altezza è minima: si ha la bassa marea. Il gioco riprende subito; ma viene, come abbiamo visto a pag. 45, influenzato dalle posizioni relative del Sole e della Luna. Infine vi s'aggiunge l'azione del vento, il quale se spira in direzione del flusso, può essere causa di maree eccezionali.

Concludendo: le maree sono bensì un fenomeno periodico, ma per nulla invariabile, mentre la condizione più importante per uno sfruttamento di un'energia naturale è appunto la sua costanza. Per ottenere tale costanza occorre convogliare il flusso in grandi bacini di raccolta. La potenzialità di tali impianti dipende allora semplicemente dalla estensione del bacino e dal salto medio disponibile. Siccome il salto è sempre piccolo, il ricavo d'una notevole potenza presuppone dei serbatoi aventi una superfice di parecchi chilometri quadrati.

In queste circostanze sono senz'altro da escludersi per gli impianti mareomotori le coste basse, poichè i rispettivi bacini esigerebbero la costruzione di argini lunghissimi dal costo proibitivo. Anche le poche coste ripide non sono dappertutto adatte. Praticamente vengono in questione solo quei punti ove esiste già, per così dire, un bacino naturale costituito da una larga insenatura con un ingresso tanto stretto da potersi facilmente chiudere con una diga. Anche profondi estuari possono presentare condizioni favorevoli. Qui è tuttavia d'ostacolo la necessità di lasciare un passaggio per le navi, poichè i grandi sostegni di navigazione accrescono enormemente il costo dell'opera. Importante è infine che il bacino si possa riempire e vuotare molto rapidamente, affinchè i livelli interno ed esterno possano eguagliarsi col ritmo della marea, come vedremo più avanti.

A tale esigenza contrasta la necessità di praticare negli argini un numero limitato di aperture per salvaguardarne la stabilità. E naturalmente queste aperture vengono adoperate per far funzionare le turbine. Ma praticamente ciò non basta, poichè le turbine non possono smaltire che delle quantità limitate d'acqua. Donde la necessità di altri mezzi di smaltimento delle acque in eccesso.

Infine bisogna poter continuare a fornire energia durante quegli intervalli nei quali le turbine restano ferme per il fatto che la differenza di livello dei due specchi d'acqua è inferiore ad un minimo necessario. In media questi periodi morti sono di due a tre ore sulle dodici e mezza per periodo di marea.

Per colmare tali pause esistono varii accorgi-

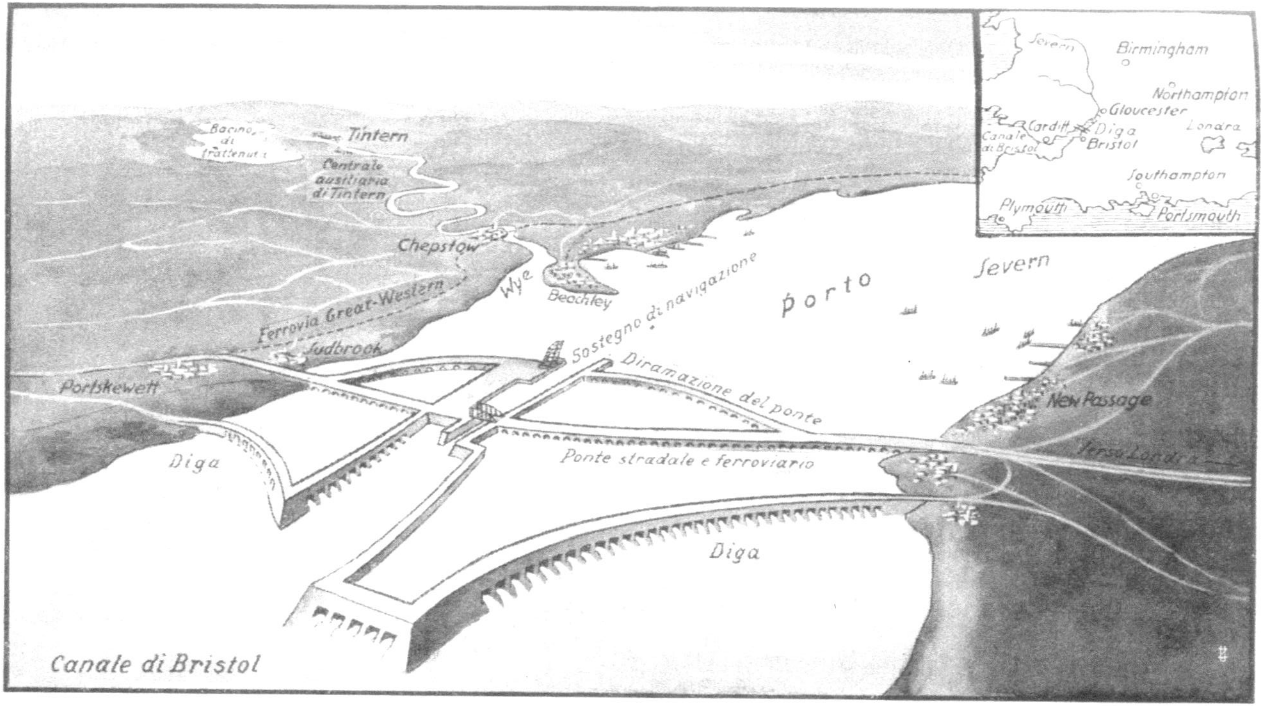

TAVOLA. IV.

Veduta a volo d'uccello della foce del fiume Severn e del progettato impianto mareomotore; a destra, in alto, la pianta.

menti: creare un secondo bacino come riserva, accoppiare la centrale mareomotrice con un'officina pompe o d'accumulazione di vapore. Ma simili impianti ausiliari sono costosi poichè vanno dimensionati in modo da poter sostituire completamente l'erogazione della centrale. In sostanza bisogna allora costruire due centrali, il che grava enormemente sulle spese d'impianto.

Come si vede l'utilizzazione delle maree non è un affare tanto semplice. Ciononostante non vi è forse altro problema tecnico che abbia maggiormente attirata l'attenzione dei competenti e dei profani d'ogni tempo. Le più antiche proposte di sfruttamento delle maree che si conoscano risalgono all'undicesimo secolo. A partire da questa epoca la letteratura tecnica in proposito è cresciuta senza limiti. Più importante è però il fatto che si sono anche compiuti costantemente tentativi per realizzare l'idea, dapprima naturalmente in assai piccola scala, per esempio con mulini a marea azionati da semplici ruote idrauliche. Ma solo ai nostri tempi si pensò ad impianti in grande stile.

Oggigiorno l'Inghilterra, la Francia, l'Argentina e naturalmente gli Stati Uniti si interessano seriamente a simili progetti, in parte veramente grandiosi. Prima della guerra mondiale se ne occupò anche un ingegnere tedesco, *E. F. Peine*, che verso il 1910 voleva costruire presso Husum, sul mare del Nord, una centrale mareoelettrica. Questo progetto era il primo tentativo di risolvere il problema dello sfruttamento delle maree con intendimenti moderni. Le condizioni naturali erano favorevoli. Tre lati del bacino di ritenuta c'erano già: l'isola Nordstrand, la terraferma ad essa prospiciente e la diga ferroviaria, lunga 2800 metri che collega ambedue. Nel suo complesso il progetto era piuttosto modesto: la potenza della centrale doveva essere di soli 7500 cavalli vapore. Ma era un inizio, che le esperienze acquisite avrebbero certo rapidamente sviluppato.

Purtroppo passarono tre anni in inutili discussioni. Infine nel 1913 venne eretto un piccolo impianto sperimentale, per decidere intorno ad alcune questioni dubbie. Il risultato fu buono, poichè tutte le previsioni del progettista si dimostrarono esatte. Già sembrava che il progetto potesse realizzarsi, quando scoppiò la grande guerra. Le prove vennero interrotte e l'impianto sperimentale smontato. Da allora non si è sentito più nulla intorno a questo progetto.

E ciò è comprensibile, poichè per un grande impianto non può venire in questione la bassa costa del mare del Nord, con le sue relative piccole altezze di marea; mentre proprio in questo campo tutto parla per opere grandiose, di enorme potenzialità. Ottime condizioni fisiche naturali esistono invece lungo le coste francesi ed inglesi. Perciò il Governo d'ambedue questi paesi rivolge già da tempo particolare attenzione al problema delle maree.

Parecchi anni fa si progettò in Francia la costruzione di un impianto sperimentale nell'estuario dell'Abervrach, piccolo fiume del Finistère (fig. 5). La potenza ricavabile era prevista di circa 2500 cavalli vapore. Durante i periodi d'inattività della centrale mareomotrice la fornitura della corrente elettrica doveva venire assunta da una centrale ausiliaria posta alcuni chilometri più a monte.

Questa centrale era destinata a sfruttare il salto delle acque del fiume Diouris, raccolte in un serbatoio; essa doveva essere anche munita di tre grosse pompe, al cui azionamento avrebbe servito l'energia ricavata dall'officina mareomotrice.

Durante il periodo di riposo della centrale ausiliaria, le pompe avrebbero sollevata l'acqua, passata per le turbine della centrale principale e raccolta in serbatoio ausiliario, fino al precedente serbatoio, aumentando così la riserva idraulica. Dalle due centrali doveva staccarsi una linea di trasmissione a 30 000 volt fino a Brest, ove l'energia prodotta sarebbe stata utilizzata dall'Arsenale e da altre aziende governative.

Più tardi questo primo progetto è stato, dalla Società concessionaria, sostituito con un altro, il quale comporta una sola centrale in cui le turbine lavorano a doppio effetto; la marcia cioè delle turbine cambia automaticamente di senso con quello della corrente di marea. L'energia idraulica di supero viene accumulata sotto forma d'aria compressa in serbatoi mediante compressori i quali, durante le pause di lavoro delle turbine, funzionano da motori ad aria compressa, azionando a loro volta gli alternatori.

Oltre a questo, molti altri progetti sono stati studiati in Francia, ma non ancora attuati. In Inghilterra il Ministero delle Comunicazioni ha fatto alcuni anni fa conoscere un progetto di costruzione d'un impianto mareomotore allo sbocco del fiume Severn nel canale di Bristol, con 500 000 cavalli vapore di potenza media. Come è visibile nello schizzo della Tav. IV, il canale di Bristol

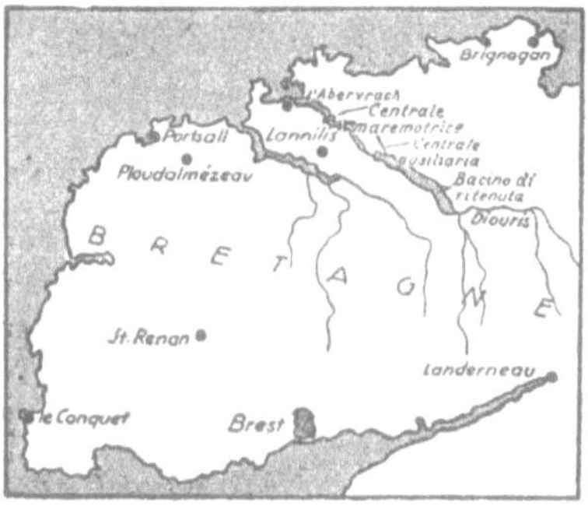

Fig. 5.

Pianta della stazione sperimentale francese per utilizzare l'energia delle maree nell'estuario dell'Abcrvrach in Bretagna.

forma un'insenatura di tipo fiordico, che nel punto in cui si vuole erigere la diga di ritenuta è larga circa tre chilometri. La marea è in questa località eccezionalmente forte. Persino alle quadrature (vedasi pag. 45) l'ondata di marea raggiunge ancora i nove metri d'altezza. Le rive cadono molto ripide sul mare, mentre sono pianeggianti verso il retroterra. Con ciò viene assai favorita la costruzione della diga.

Questa avrebbe una lunghezza di quattro chilometri e dovrebbe chiudere un bacino di ritenuta di 70 chilometri quadrati di superficie. Nella sua parte superiore tale bacino verrebbe sistemato a porto di grandi proporzioni, di cui le regioni industriali limitrofe farebbero buon uso.

Sul porto e sui sostegni di navigazione al suo imbocco si potrebbe scaricare parte delle spese di costruzione e lo stesso si può dire per il viadotto carrettiero e ferroviario attraverso il Severn già da tempo progettato e che si vorrebbe costruire in questa occasione.

L'insieme di questi particolari è raccolto nella Tav. IV, che mostra l'impianto a volo d'uccello. In primo piano si vede la colossale diga di sbarramento verso il mare ed il cui tracciato in pianta è legato alla conformazione naturale della località. Le numerose aperture si possono in brevissimo tempo chiudere od aprire mediante paratoie azionate elettricamente ([1]). Dietro la diga si trova il

([1]) Per paratoia s'intende nella tecnica una specie di parete in legname o ferro, scorrente in guide laterali, mediante la quale si regola, alzandola o facendola discendere, il deflusso idrico attraverso un'apertura di diga od altro. Le grandi paratoie vengono azionate da un motore elettrico.

grande ponte stradale e ferroviario che attraversa il sostegno di navigazione. Una diramazione del ponte conduce ad un secondo ponte levatoio, in modo che l'esercizio del sostegno di navigazione non disturba il traffico del ponte, potendo questo venire incanalato sull'uno o sull'altro ramo del ponte a seconda del bisogno.

Le macchine per la produzione della corrente elettrica si trovano nell'interno della diga (vedasi la Tav. V) e precisamente ad ogni apertura fa riscontro un gruppo macchine costituito da una turbina e da un generatore di 1800 cavalli vapore di potenza media. Di tali gruppi ne sono previsti 280. Ne consegue la potenza totale media di 500 000 cavalli vapore.

Su ogni periodo di marea si hanno due ore e mezzo d'inattività delle turbine. Per superare queste interruzioni d'esercizio il progetto prevedeva originariamente una stazione di pompe presso Tintern (Tav. IV), con un bacino di accumulazione nella valle del fiume Wye e gruppi di macchine di 18 000 cavalli vapore ciascuno, costituiti da una turbina, una pompa centrifuga ed un generatore.

Durante la notte codesti generatori, alimentati dalla corrente di supero della centrale mareomotrice, dovevano funzionare come elettromotori e pompare l'acqua della Wye nel serbatoio. Con quest'acqua si voleva far funzionare la centrale ausiliaria suddetta, pure prevista per 500 000 cavalli vapore, durante il periodo di stanca della marea e con ciò sostituire completamente la centrale principale nella fornitura della corrente elettrica.

Questo primo progetto sollevò in Inghilterra molte critiche, specie riguardo al preventivo di spesa, che venne ritenuto troppo basso in 30 milioni di sterline, ma anche riguardo a talune particolarità tecniche. Si prospettò sovratutto la necessità, prima di metter mano ad un'opera così gigantesca, di esaurienti ricerche destinate a dare una solida base scientifica al problema dell'utilizzazione delle maree in generale e del caso del Severn in particolare. E poichè la logicità di una simile richiesta era palese, anche il governo inglese vi si associò.

Per gli studii preliminari si progettò nel 1930 ad Avonmouth sul Severn un piccolo impianto sperimentale, non tuttavia con una stazione pompe come riserva per le stanche, bensì con una centrale ausiliaria termoelettrica, che utilizza la corrente di supero della centrale mareomotrice al riscaldamento di caldaie elettriche.

Il vapore prodotto viene convogliato in un grande accumulatore di vapore protetto contro le perdite di calore ed utilizzato per il funzionamento di una turbina a vapore. Questa aziona un generatore elettrico quando le turbine alimentate dalla corrente di marea non possono più funzionare per mancanza del salto necessario.

Come si vede una idea molto semplice eppercciò degna d'esser presa in massima considerazione. Se si mostrerà idonea al suo scopo, il problema dell'utilizzazione delle maree avrà fatto un gran passo innanzi. Sta di fatto che di recente essa è stata ripresa in serio esame in Inghilterra e non è improbabile che il grande impianto del Severn diventi una realtà.

Degli altri progetti sullo sfruttamento delle maree ne ricorderemo ancora uno, che si distingue per la sua importanza e che alla seconda Conferenza mondiale dell'energia (Berlino, 1930) sollevò vive discussioni. Esso era stato elaborato e presentato da una Commissione di ingegneri nominata dal Governo argentino, in prima linea allo scopo di risparmiare al proprio Paese, povero di combustibile, una parte della costosa importazione di carbone.

Le coste argentine sono assai favorevoli all'utilizzazione delle maree: vi si verificano dislivelli fino a 12 metri fra l'alta e la bassa marea ed al sud della Bahja Blanca fino allo stretto di Magellano parecchi estuarii e insenature sono atte a venire chiusi da dighe di ritenuta. In base ai sopraluoghi eseguiti il più adatto è il golfo di S. Josè che dà su quello di S. Matteo, come si riconosce dalla cartina della Tav. V.

Il golfo di S. Josè copre una superficie di 780 chilometri quadrati, mentre la sua massima profondità è di 54 metri. Siccome il suo imbocco è stretto, basta, ad onta della sua gigantesca estensione, una diga lunga sette chilometri. Una chiusa per le navi non occorre perchè il vicino Golfo Nuevo domina lo stesso retroterra. La diga dovrebbe essere in calcestruzzo e superare ancora di due metri il livello massimo delle acque. All'interno ospiterebbe i generatori, le turbine, le paratoie e le necessarie officine. Lo spessore delle pareti verso il mare aperto sarebbe di 14 metri, verso la baja di S. José di quattro metri.

La Tav. V dà un'idea del come dovrebbe essere l'impianto. Le turbine sono disposte ciascuna in una camera con condotti d'arrivo e scarico verso ambedue i lati della diga. Tutte e quattro questi condotti si possono chiudere mediante paratoie azionate elettricamente. Le turbine sono ad asse verticale, alla cui estremità superiore è connesso il generatore di corrente elettrica. L'acqua arriva sulla turbina dall'alto, per cui questa gira sempre nello stesso senso indipendentemente dalla provenienza dell'acqua stessa, sia dal mare durante il flusso che dalla baia durante il riflusso. In particolare le turbine sono costruite in modo da funzionare a partire da un dislivello fra le acque esterne ed interne di 50 centimetri, mentre esplicano la loro potenza massima per un salto di un metro. E l'afflusso dell'acqua viene perciò regolato in proporzione. In altre parole: in caso di maggior acqua disponibile, le turbine ne smaltiscono solo tanta, da mantenere il salto più vantaggioso fra mare e baia.

Questo strozzamento dell'afflusso ha però come conseguenza che la capacità totale di smaltimento delle 376 turbine ubicate nei sette chilometri di diga non basta ad egualizzare completamente, dopo ogni flusso e riflusso, gli specchi di acqua del mare e della baia. Per ottenere questo eguagliamento dei due livelli occorre, verso la fine dell'alta e della bassa marea, convogliare la massa d'acqua in eccesso direttamente attraverso i condotti di scarico (vedasi Tav. V), con che si ottiene un effetto d'aspirazione sulle turbine che ne eleva la potenza.

In base a questi dati il ciclo di lavoro di una centrale mareomotrice è facilmente comprensibile nelle sue linee generali. Supponiamo che il riflusso stia per finire e che quindi il livello delle acque marine stia raggiungendo il suo punto più basso. Tutte le paratoie sono aperte, ma le turbine sono ferme perchè sui due lati della diga le acque sono allo stesso livello.

Appena incomincia il flusso tutte le paratoie vengono chiuse. Allora mentre su un lato della diga l'acqua del mare monta, dall'altro lato, cioè nel bacino, il livello si conserva provvisoriamente quello che era al tempo della bassa marea. Appena il salto raggiunge il valore di 50 centimetri e quindi è già tale da far funzionare le turbine, si aprono le paratoie *a* e *d*, che mettono in comunicazione le camere delle turbine con il mare ed il condotto di scarico con il bacino.

La corrente di marea fluisce allora attraverso la diga nel bacino e le macchine incominciano a marciare. Nel frattempo il mare continua a montare e di pari passo monta dapprima anche l'acqua dall'altra parte della diga. Fino all'istante nel quale le turbine sviluppano la loro potenza massima. Da questo momento le paratoie lasciano passare solo una quantità d'acqua tale da mantenere costantemente fra l'esterno e l'interno il dislivello di un metro, quello, come abbiamo visto, che assicura lo sviluppo della potenza massima.

Con questo salto le macchine proseguono il loro lavoro finchè la marea ha raggiunto il suo livello più alto. Ora, per fare entrare nel bacino l'ultima ondata di marea si aprono le paratorie *c*. Il bacino comunica allora direttamente col mare attraverso i condotti di scarico delle turbine; di conseguenza il livello interno raggiunge abbastanza rapidamente il valore di quello esterno. Nel frattempo le turbine continuano a marciare finchè il salto supera i 50 centimetri. La potenza sviluppata è anzi ancor maggiore che all'inizio, poichè durante questo periodo le turbine risentono l'effetto d'aspirazione della corrente che percorre direttamente il condotto di scarico.

Ma per poco, perchè il salto si riduce ben presto, scendendo oltre il suo valore minimo utile. Da questo momento si fermano le turbine, abbassando le paratoie *a*. Poco dopo viene raggiunta, attraverso i condotti inferiori, l'eguaglianza di livello fra il mare ed il bacino. Ha allora inizio il periodo di riposo e l'esercizio viene interrotto per circa un'ora e un quarto. Si chiudono anche le paratoie *c* e *d* e s'attende che il riflusso abbia abbassato il livello marino di 50 centimetri.

L'esercizio può adesso venire ripreso, al quale scopo si aprono le paratoie *b* e *c*. L'acqua del bacino, passando per le turbine, ritorna ora al mare. In tal modo le macchine lavorano di nuovo per circa cinque ore. Poco prima della fine di questo periodo si mette il bacino in diretta comunicazione col mare aprendo le paratoie e con ciò esso viene completamente svuotato. Ha seguito un'altra interruzione d'esercizio per un'ora ed un quarto. Indi il flusso incomincia di nuovo e tutto il ciclo si ripete.

Che in una centrale del genere scorrano delle enormi quantità d'acqua è evidente. Tuttavia si resta sorpresi dalla grandiosità delle cifre, appena si passa al calcolo. Nel caso della centrale mareomotrice di S. José il livello della baia salirebbe e scenderebbe in media di 2,6 metri ad ogni periodo di marea. Trattandosi di 780 chilometri quadrati di superficie ne risulta una massa d'acqua totale di ben due miliardi di metri cubi che durante ogni flusso e riflusso attraversa i condotti della diga.

Per smaltire questa colossale quantità di acqua occorrono dei condotti di otto a dieci metri di diametro. A queste proporzioni corrisponde la potenza delle turbine. I 376 gruppi di macchine, ripartiti ad intervalli di 19 metri circa sui 7000 metri di diga forniscono, con un salto di un metro, complessivamente un milione di cavalli vapore, mentre la potenza totale, con un salto di 50 centimetri, è sempre ancora di 400 000 cavalli vapore.

Ne consegue una produzione giornaliera mimina di 15 milioni di chilowattore che all'epoca delle sizigie può anche salire al doppio. Calcolando la produzione annuale in base a quella minima, si arriva a circa 5,5 miliardi di chilowattore. Che cosa ciò significhi si intende meglio se si considera che tutte le centrali termo- ed idroelettriche italiane non producono in un anno che una decina di miliardi di chilowattore, quindi nemmeno il doppio di quanto produrrebbe la sola centrale mareomotrice di S. José.

La quale permetterebbe alla Repubblica Argentina di risparmiare annualmente parecchi milioni di tonnellate di carbone ch'essa deve ora importare. Ecco perchè il progetto ha suscitato in quella nazione un grande interesse, tanto da autorizzare la costruzione di una centrale sperimentale in una baia laterale della foce del Rio Deseado, ove le condizioni della marea sono identiche a quelle della baia di S. José. Vi si vorrebbero produrre 1000 chilowattore giornaliere e chiarire tutti i fattori ancora incogniti. Dopo di che sembra si voglia passare alla realizzazione del grande progetto che abbiamo illustrato.

Non vi è dunque dubbio alcuno: il problema dell'utilizzazione delle maree è ovunque in istudio. Probabilmente fra qualche lustro avremo le prime centrali mareomotrici. Fra cent'anni invece tutte le baie adatte e tutti gli estuari profondi ed incassati saranno già utilizzati a questo scopo. In molti paesi saranno allora le coste oceaniche che diventeranno i centri di produzione dell'energia elettrica.

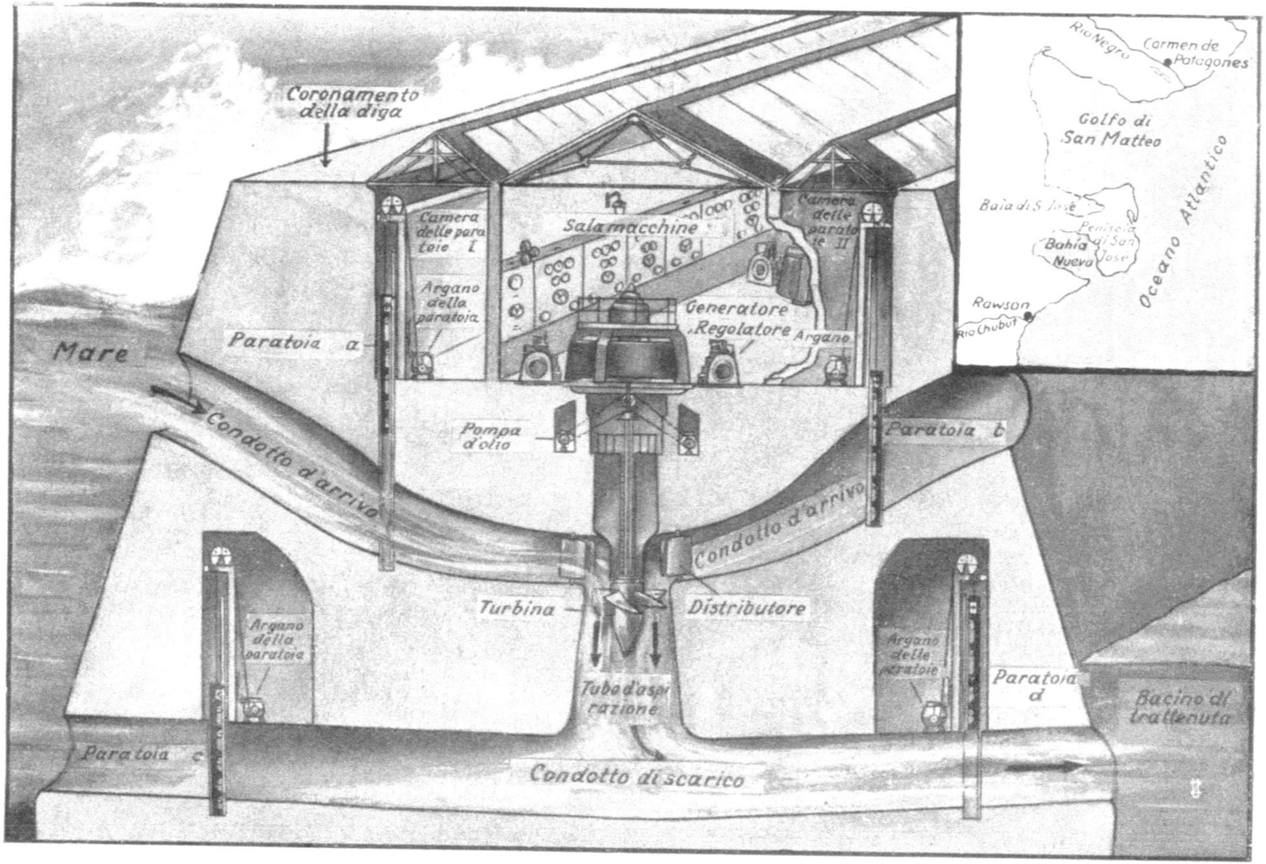

Tavola V.

(*Vedasi a tergo la didascalia*)

Sezione della diga di una centrale mareomotrice con la sala macchine e gli impianti ausiliari praticati nella diga. A destra, in alto: pianta della regione intorno alla baia di S. Josè ove l'Argentina progetta di costruire una centrale mareomotrice.

5. — CICLONI IMPRIGIONATI

Immenso ed inimmaginabile definimmo poco sopra il tesoro d'energia che le maree mettono a disposizione dell'uomo. Ma ancor maggiore è l'energia inutilizzata che ci elargisce il Sole sotto forma di radiazione termica, benchè il nostro pianeta non riceva in totale che un duecentocinquantamilionesimo di quella totale irradiata dal Sole. Nel Sahara il calore ricevuto da ogni quattro metri quadrati di terreno orizzontale equivale all'energia ottenibile annualmente da un cavallo vapore. Di conseguenza da un chilometro quadrato di deserto si potrebbero ricavare, nell'ipotesi di un rendimento del solo 10 per cento, non meno di 25 000 cavalli vapore.

A pag. 9 abbiamo valutato ad un miliardo di cavalli vapore il fabbisogno in potenza dell'umanità nel 1970. A coprirlo basterebbe sfruttare il calore ceduto dal sole a 40 mila chilometri quadrati di deserto, sempre ritenendo del 10 per cento il rendimento dell'impianto, mentre l'intero Sahara è 150 volte più esteso. Se quindi si riescisse ad utilizzare il calore solare, il problema dell'energia verrebbe risolto di colpo.

Non sono mancati dei tentativi in questo senso, ma nessuno di essi ha finora condotto a risultati concreti, perchè vennero tutti intrapresi con mezzi inadatti allo scopo. Non ha senso comune costruire degli enormi specchi e delle complicate caldaie per ricavare alla fin fine una cinquantina di cavalli vapore. Bisogna liberarsi dal punto di vista tradizionale che l'intermediario fra il calore e l'energia elettrica debba essere in ogni circostanza la caldaia a vapore.

Questa è adatta quando il calore disponibile è concentrato nel carbon fossile, ma non quando si trova « diluito » nei raggi solari su una grande estensione di territorio. Per sfruttare codesto calore bisogna prendere a modello la natura medesima. *Gandrillon* ha indicato *una* delle vie da seguire, ma che purtroppo ha i suoi limiti (vedasi a pag. 21 e seg.).

Una strada completamente diversa è quella suggerita da *Bernard Dubos*, il cui progetto ha persino cattivata la simpatia della cauta Accademia delle Scienze di Parigi, in vista della mancanza di carbone nell'Africa settentrionale. L'idea di *Dubos* si può riassumere in una sola frase: il mezzo più acconcio per sfruttare il calore solare è il vento.

Per quelli che conoscono i molti sterili tentativi fatti per cavare partito dalle correnti aeree, ciò suona come un paradosso. L'instabilità del vento appare essere il peggior punto di partenza immaginabile per una produzione d'energia in grande stile. Ma *Dubos* non intende affatto parlare dei moti naturali dell'aria. Mentre *Gandrillon* vuole procurarsi con l'aiuto del sole dei salti d'acqua artificiali, *Dubos* pensa di produrre, mediante il calore solare, delle correnti d'aria ascendenti verticalmente. Vediamo ora che cosa ne vuol fare il progettista.

Se potessimo trasformare una volta tanto l'aria in acqua e renderla così visibile, ognuno potrebbe rendersi conto di ciò che da tempo sanno i meteorologi e gli aviatori: che cioè l'oceano aereo che ne circonda è per una buona parte sede di correnti, vortici ed altri moti turbolenti. E noi non potremmo in questo mondo, oggi invisibile, fare un passo senza incontrare dei « salti d'acqua ascendenti», come si potrebbero ottenere al cinematografo proiettando a ritroso delle cascate.

Giacchè si sfruttano tanti salti d'acqua reali, è perfettamente logico che si pensi a trarre partito anche delle correnti aeree ascendenti. I cicloni tropicali mostrano chiaramente quali energie risiedano in una corrente d'aria. E la più semplice riflessione c'insegna che queste correnti sono altrettanto inesauribili quanto quelle idriche, poichè ambedue derivano dalla stessa origine: il Sole.

La meteorologia ha da tempo studiato questi fenomeni, ma l'opera della scienza è rimasta incompleta, poichè i fatti singoli non vennero mai considerati nel loro insieme dal punto di vista d'uno sfruttamento industriale. Apriamo un testo di meteorologia. Vi possiamo leggere che nell'atmosfera si verificano delle circolazioni del tutto costanti, altrettanto invariabili quanto la corrente del Golfo ed altrettanto note nel loro percorso.

Il miglior esempio è costituito dagli alisei che spirano ai due lati dell'equatore, ove danno luogo a maestose correnti d'aria ascendenti quasi verticalmente. Il contrapposto si ha nelle regioni polari, ove i venti discendenti chiudono il circuito aereo. Più oltre il nostro testo ci informa che quando in una regione ciclonica il barometro cade da 760 millimetri (pressione normale) a 715 millimetri, questa differenza di pressione origina correnti d'aria persino di 180 chilometri all'ora di velocità.

La formidabile energia di simili uragani, che si esplica con azioni distruttive tristemente celebri, è nota. In un altro punto del nostro libro si legge che la pressione dell'aria, in media di 760 millimetri al livello del mare, non è più che di 670 millimetri circa a mille metri d'altitudine. La differenza è quindi assai maggiore di quella fra le pressioni esistenti in una regione ciclonica. Anche la temperatura dell'atmosfera diminuisce rapidamente con l'altezza, corrispondentemente al diagramma in fig. 6.

Il *Dubos* mise tra loro in relazione queste osservazioni ed in base alle conseguenze che ne derivano, concepì un progetto che metteva direttamente in comunicazione l'aria calda di pianure soleggiate a pressione atmosferica elevata con la zona di bassa pressione esistente in vetta alle montagne. In tal maniera l'inventore vorrebbe scatenare dei cicloni artificiali. Solo che questi non debbono dissipare la loro energia in devastazioni bensì, al pari dei salti d'acqua, azionare bravamente delle turbine. L'uovo di Colombo,

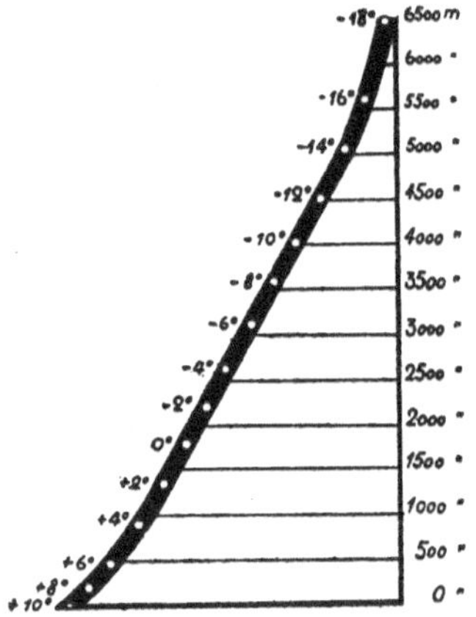

Fig. 6.

Come diminuisce la temperatura nell'atmosfera con l'aumentare dell'altitudine. Dubos ha tratto partito anche di tale diminuzione nel suo progetto di centrale eolica.

insomma! Anche l'esecuzione appare semplice come con tutte le idee veramente geniali.

Si prepara un tubo lungo circa 100 metri, aperto ad ambi gli estremi e lo si adagia, in una contrada quanto più calda possibile, per esempio, nel Sahara, contro il fianco di montagna più ripido che si possa trovare (vedasi la fig. 7). Al suo estremo inferiore il tubo viene allargato a gigantesco imbuto, che praticamente assume la forma di un colossale tetto di vetro.

Sotto il riscaldamento solare, questo tetto funziona a guisa di un bagno turco per l'aria, la di cui temperatura viene perciò elevata quanto pos-

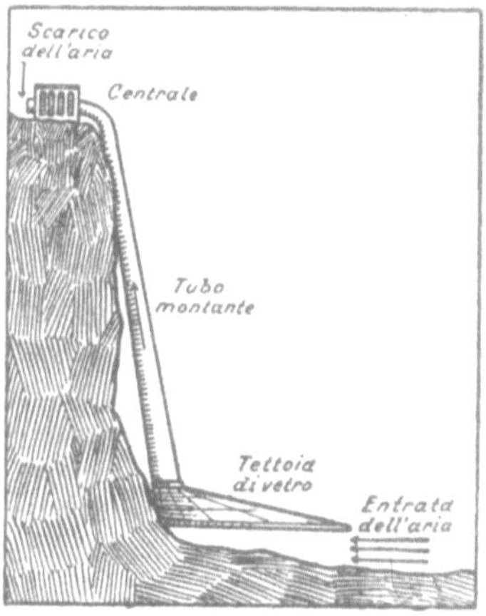

Fig. 7.

Schema della centrale eolica di Dubos. Una pianura riscaldata dai raggi solari viene messa in comunicazione, mediante un tubo montante di 1000 metri d'altezza, con una zona di minor pressione in cima ad una montagna. Ne nasce all'interno del condotto una corrente ascendente d'aria, avente una velocità costante di circa 50 metri al sec., la cui poderosa energia verrebbe sfruttata in turbine a vento. Mediante il tetto in vetro alla base del tubo si vuole produrre un surriscaldamento dell'aria, che aumenterebbe ancora la velocità di deflusso di quest'ultima.

sibile. Contemporaneamente, per il fatto che il tetto si estende sul davanti e va man mano restringendosi all'indietro a guisa d'imbuto, si ottiene ancora qualcos'altro: l'aria entrante assume un moto vorticoso che somiglia assai a quello iniziale dei cicloni tropicali. Indi l'aria imbocca il tubo, il cui diametro dobbiamo immaginare assai grande, e le cui pareti interne debbono essere assolutamente lisce per non inceppare la corrente d'aria.

All'esterno il tubo va ricoperto con materiale coibente, affinchè l'aria calda ascendente non perda calore durante la salita. Quanto maggiore è infatti la differenza di temperatura allo sbocco superiore fra l'aria uscente dal tubo e quella ambiente, tanto maggiore è la velocità con la quale l'aria percorre il tubo. Il calcolo fornisce per questa velocità un valore di 180 a 200 chilometri orarii.

Una simile corrente è praticamente paragonabile ad un vero e proprio ciclone, il quale — imprigionato — sia costretto a sfogare il suo furore in un sol punto: col gettarsi contro le pale della turbina a vento situata all'estremo superiore del tubo. Naturalmente questa turbina è, al pari delle sue consorelle idrauliche, accoppiata ad un generatore di corrente elettrica. Sotto questa forma l'energia vorticosa del vento ritorna alla pianura per azionare altre macchine.

Questa l'idea di *Dubos,* una deduzione ingegnosa da leggi fisiche finora trascurate, tuttavia cento volte confermate da esatte osservazioni. Ed invero una deduzione la cui giustezza si può provare sperimentalmente da parte di chiunque, con una apparecchiatura semplicissima.

Si prende un pezzo di lamiera che rappresenti la pianura. Sotto questa lamiera si pone una lampada a spirito accesa, che sostituisca l'irradiazione termica del Sole. In causa del calore cedutole, la lamiera viene portata ad una temperatura leggermente superiore a quella ambiente. Di conseguenza dalla sua superfice sale una corrente di aria calda che si percepisce distintamente tenendovi al di sopra una mano od il viso.

Ora applichiamo a circa 25 centimetri al di sopra del nostro bassopiano in miniatura una minuscola turbina, analoga alle girandole che si comprano sulle fiere; il suo asse dev'essere naturalmente orizzontale, affinchè la corrente d'aria colpisca giustamente le pale (vedasi la fig. 8).

Che cosa succede? Nulla! La corrente ascendente è troppo debole per far girare la turbinetta, la quale non si muove neppure se si aumenta la fiamma e con ciò la somministrazione di calore. Se però fra la turbinetta e la lamiera inseriamo, come in fig. 8, un tubo che s'allarghi in basso a guisa di imbuto molto piatto, la ruota incomincia subito a girare. La sua velocità cresce rapidamente palesando l'esistenza di una energica corrente d'aria. Se togliamo di nuovo il tubo, la ruota si ferma. Torniamo a rimetterlo al suo posto e la ruota riprende a marciare di nuovo.

Semplice quant'è l'esperienza, altrettanto è probante. Senza alcun dubbio si è in presenza di un fenomeno del tutto naturale. Perciò possiamo pure ammettere che le enormi quantità d'aria calda che si formano su una vera pianura, riscaldata su tutta la sua superfice dai raggi solari, si possano trasformare mediante giganteschi tubi imbutiformi in maestose correnti d'aria ascendenti, atte a produrre dell'energia elettrica.

Dopo questa verifica sperimentale della teoria, c'è da chiedersi se la tecnica attuale riescirebbe ad eseguire degli impianti quali sono previsti dal *Dubos*. Uno sguardo alla fig. 7 farebbe rispondere di sì. Il tetto di vetro non implica alcuna difficoltà costruttiva e dei condotti di pari lunghezza sono già in opera da lungo tempo negli impianti idroelettrici. Ve ne sono anzi di più lunghi ancora. Ma mentre in questi impianti idroelettrici occorre che i tubi sieno d'acciaio per poter resistere all'elevata pressione idraulica, nonchè vengano ancorati al suolo, nel nostro caso invece, ove si tratta piuttosto di camini, basta una costruzione assai più leggera, magari anche un tubo

Fig. 8.

Un'esperienza molto semplice con la quale Dubos vuole dimostrare l'attendibilità delle sue proposte. La lamiera rappresenta il Sahara, la lampada a spirito il calore solare. La piccola ruota in alto sostituisce la turbina a vento. Se si spinge la lampada a spirito sotto la lamiera, si formano delle correnti calde ascendenti. La turbina lavora però solo sovrapponendo alla lamiera il tubo ad imbuto, poichè allora l'aria viene concentrata e costretta a seguire un determinato percorso.

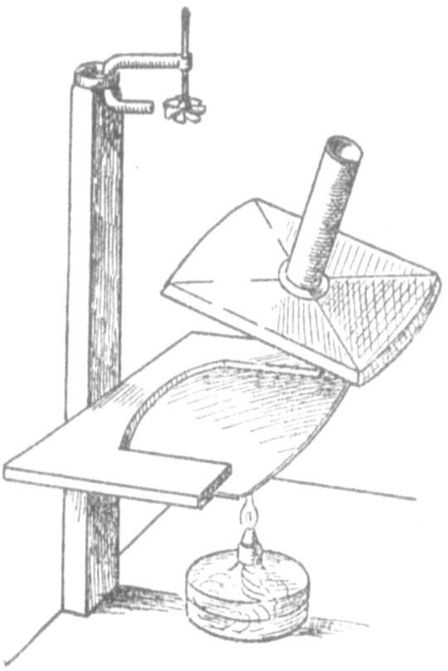

in cemento armato, largo una decina di metri e lungo da 100 a 1500 metri.

Anche il problema di mantenere la corrente d'aria ascendente a temperatura costante è parimenti risolvibile con facilità poichè mezzi adatti se ne conoscono parecchi. Assai conveniente sarebbe forse una costruzione del tubo in calcestruzzo leggero, i cui numerosi pori costituiscono un eccellente mezzo coibente. Non rimane che la turbina a vento di grandi dimensioni, la cui costruzione non dovrebbe però imbarazzare i nostri ingegneri, dopo l'esperienza già fatta con le turbine idrauliche ed i grandiosi ventilatori delle miniere.

Da tutto quanto precede, risulta anche che le spese d'impianto di simili centrali non dovrebbero essere eccessive. In alcun caso sono maggiori di quelle di una grande centrale idroelettrica, probabilmente anzi assai minori, perchè non occorrono dighe, pozzi piezometrici, traverse, griglie, canali e simili.

Naturalmente impianti del genere sono adatti soltanto per regioni assai calde. Perciò, secondo *Dubos*, vengono in questione solo per le terre comprese entro la striscia delimitata nella fig. 9 dalle linee isotermiche di $+20^{\circ}$ sui due lati dell'equatore termico. Come si vede, si tratta di territori assai estesi, ma dei quali però moltissimi a popolazione assai rada; fra di essi tutta l'Africa.

Questa presenta situazioni particolarmente favorevoli nel Sahara, poichè le tre catene dell'Atlante e le montagne dell'Ahaggar con le loro ripide falde scendenti verso il deserto, sembrano fatte apposta per la posa dei tubi ascendenti, mentre l'Algeria, la Tunisia ed il Marocco

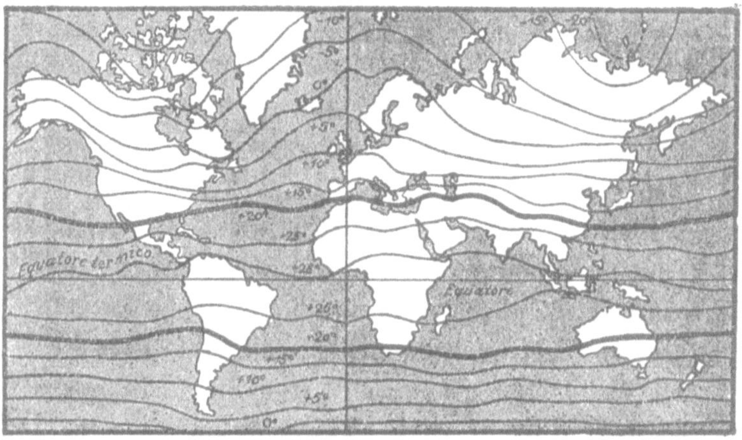

Fig. 9.

Carta terrestre con linee isoterme, che rendono visibile la ripartizione della temperatura sulla superficie della Terra.

hanno da tempo bisogno di nuove fonti d'energia. E probabilmente si faranno qui i primi tentativi.

Se questi dessero buoni risultati, fra cento anni le falde montagnose dell'Africa settentrionale e di altri paesi caldi assumeranno probabilmente l'aspetto della Tav. VI: densamente occupate da innumerevoli centrali eoliche, che non soltanto riforniranno d'energia le plaghe circostanti, ma verranno anche collegate mediante linee intercontinentali ad alta tensione con le consorelle europee. In tal modo diventerebbe possibile uno scambio di energia e quindi la eliminazione dell'unica difficoltà che a quanto appare si presenta in simili impianti eolici: di poter funzionare solo di giorno.

Durante il giorno infatti l'esercizio è perfettamente assicurato, poichè la corrente d'aria che sale nei tubi sarà sempre costante ed uniforme. Occorre tener presente che la poderosa massa di aria fredda che grava nell'atmosfera al disopra di simili centrali, costituisce una parte fondamentale del sistema, analogamente alle riserve idriche di una centrale idroelettrica a monte di un salto d'acqua. Queste grandi masse d'aria manterranno costantemente la corrente d'aria nei tubi, finchè il suolo è più caldo dell'atmosfera. Questo è sempre il caso durante il giorno nelle suddette regioni calde, ma di notte in causa del rapido raffreddamento dopo il calar del sole, assai dubbio.

Allora un collegamento con altre centrali di oltre Mediterraneo permetterebbe d'ovviare all'interruzione della fornitura d'energia: di giorno la corrente elettrica viaggerebbe dall'Africa verso l'Europa fluendo nelle reti delle centrali termiche ed idrauliche di quest'ultima, insufficienti al fabbisogno europeo diurno. Di notte ritorno della corrente elettrica di supero dall'Europa all'Africa, le cui centrali eoliche possono allora riposare tranquillamente.

Anche questo progetto quindi, che ci schiude nuove grandiose fonti d'energia, favorisce un più stretto collegamento fra l'Europa e l'Africa, quale è auspicato dal già discusso piano paneuropeo. Per la tecnica dell'avvenire che dovrà occuparsi di continenti e non di Stati, i confini politici non hanno alcuna importanza.

TAVOLA VI.

Una visione del futuro: centrali eoliche nel Sahara, lungo i ripidi pendii dei monti Atlantici (Marocco, Algeria).

6. — LE TORRI A VENTO

Siccome le centrali eoliche di *Dubos* non sono usabili che in quelle zone ove l'irradiazione solare raggiunge il suo valore massimo, non sarebbe possibile utilizzarle in Europa, salvo forse nelle regioni più meridionali. Per i paesi più freddi bisogna perciò escogitare altri sistemi, se anche in essi si vuole approfittare della forza del vento per produrre energia. Nell'Europa settentrionale ciò avviene già da tempo in piccola scala, giacchè tanto l'Olanda che la Germania del nord sono da considerarsi come la patria dei mulini a vento.

Ma che il vecchio mulino a vento non sia proprio da ritenersi un motore delle qualità eccezionali, lo sanno tutti. E lo stesso va detto della sua sorella maggiore, la turbina a vento, pure considerabile soltanto come modesta macchina motrice. Non sono mai mancati i tentativi per correggerne i difetti. L'utilizzazione della forza del vento è infatti già da tempo immemorabile un problema caro agli inventori. Tutte le costruzioni finora esistenti si basano sul medesimo principio: azionare col vento un'elica a più pale; un procedimento che trova il suo riscontro nel funzionamento di un ventilatore. In teoria il processo è chiaro ed ineccepibile; il passaggio all'attuazione pratica presenta però ogni sorta di difficoltà.

Innanzitutto è necessario erigere l'elica sulla cima d'un'alta armatura; dovendo essa rimanere libera, eccola dunque esposta a tutte le ingiurie atmosferiche. Poi occorre orientare la pesante ruota a vento secondo i cambiamenti di direzione di quest'ultimo, il che non impedisce purtroppo al rendimento di annullarsi quasi, quando l'angolo d'incidenza del vento non è favorevole. Inoltre è necessario trasmettere il moto rotatorio dell'albero dell'elica fino a terra mediante alberi e ruote dentate, da cui deriva un'altra notevole perdita di energia. Infine se una ruota a vento deve, con una velocità media del vento di cinque metri al secondo, fornire una potenza in certo qual modo notevole, bisogna che il suo diametro sia assai grande, perchè l'energia posseduta dal vento naturale diminuisce rapidamente col calare della sua velocità.

Da quanto precede è chiaro che su questa base non si potranno mai creare delle vere grandi centrali eoliche. Per arrivarvi occorre seguire altre, finora non battute strade. Queste sono state suggerite da esperienze condotte nell'Istituto aerotecnico di Saint Cyr per tutt'altri scopi: per trovare cioè un ventilatore efficace, azionato esclusivamente dall'energia naturale del vento, e destinato alla ventilazione di locali d'abitazione e lavoro nonchè ad aumentare il tiraggio dei camini. Il problema venne risolto e precisamente con l'inatteso risultato che l'impianto sperimentale si dimostrò alle prove essere in pari tempo una motrice a vento ideale, col rendimento di quasi il 100 %. La fig. 10 mostra lo schema d'impianto, che all'esterno non presenta parti mobili.

Dal di fuori non si vede infatti altro che un tubo cilindrico a guisa di torre, una specie di camino in lamiera di ferro, che alla sua estremità superiore è circondato ad una certa distanza da un breve cilindro a guisa d'anello. Questo anello è sostenuto in basso da sottili mensole, ma è per il resto completamente aperto, in alto ed in basso.

Tutto il resto si comprende dalla fig. 10. Qualunque sia la direzione dalla quale spira il vento e qualunque ne sia l'angolo d'incidenza, il risultato è sempre il medesimo: una corrente d'aria

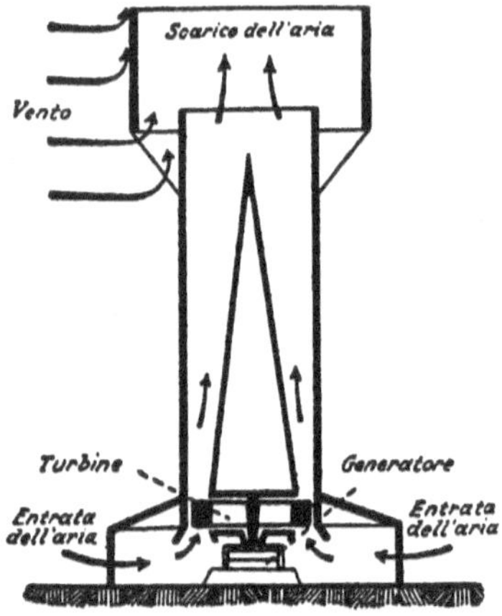

Fig. 10.

Schizzo schematico di una torre a vento.

ascendente nella torre cilindrica. In altre parole: il vento esterno, instabile per direzione ed intensità, viene qui letteralmente trasformato in una corrente d'aria costante, la cui velocità è bensì variabile ma che spira sempre nella medesima direzione.

Tavola VII.

Le torri a vento: un'altra proposta per utilizzare l'energia delle correnti aeree.

serviti dalle reti pubbliche di distribuzione di corrente elettrica.

Nel tardo futuro invece, se ne vedranno a centinaia erigersi, riunite in batterie, sugli altipiani e sulle catene montuose; l'energia che se ne ricaverà potrà servire ad integrare quella delle centrali idroelettriche; forse è l'unica possibilità per l'Europa centrale di procurarsi l'energia che le abbisognerà dopo l'esaurimento dei giacimenti carboniferi.

7. — I MARI TROPICALI QUALI SORGENTI DI CALORE [1]

Il 17 settembre 1881 comparve nella « Revue Scientifique » un singolarissimo articolo, scritto dal fisico *D'Arsonval*, che divenne poi fisiologo di fama mondiale. « Supponiamo — egli scriveva — di immergere una caldaia a vapore nell'acqua a 30 gradi della fonte di Grenelle; se irroriamo il rispettivo condensatore con acqua potabile, che ha una temperatura media di 15 gradi, otteniamo un salto di temperatura di 15 gradi. Invece di ricorrere all'acqua riempiamo la caldaia con anidride solforosa, che riscaldata a 30 gradi centigradi fornisce una pressione di vapore di quasi cinque atmosfere assolute. E siccome nel conden-

[1] Il secondo principio della termodinamica c'insegna che per trasformare del calore in energia meccanica sono sempre necessari due livelli termici, ossia una differenza di temperatura. Inversamente consegue da questo principio che ogni differenza di temperatura può servire a produrre dell'energia. La conoscenza di questi fatti è necessaria per comprendere quanto segue.

satore regnerebbe una pressione di solo tre atmosfere assolute circa, si ha una differenza di pressione di due atmosfere che potrebbe servire a produrre dell'energia senza dover spendere un centesimo in combustibile ».

Ci offre la natura di frequente simili favorevoli condizioni? « Certamente — continuava l'articolo — poichè di sorgenti calde non c'è difetto; del resto esistono ancora altre fonti di calore utilizzabili nel modo anzidetto. Possiamo per esempio immergere il nostro condensatore nel ghiaccio e la caldaia in acqua di fiume a 15 gradi; anche in questo caso realizziamo un salto termico di 15 gradi, epperciò la stessa differenza di pressione come sopra.

« L'ideale sarebbe d'immergere la caldaia nel mare in vicinanza dell'equatore ed il condensatore nei ghiacci eterni dei poli. Ma praticamente non è affatto necessario di costruire delle condutture così lunghe. Le acque profonde del mare hanno dappertutto — quindi anche all'equatore — una temperatura media di soli 4 gradi. Quindi basta installare la caldaia alla superficie ed il condensatore a 1000 metri più sotto, per ottenere un salto di temperatura sufficiente ».

Fin qui *D'Arsonval.* Possiamo immaginarci quanto poco sul serio venisse presa quest'idea del giovane ed ancora oscuro scienziato un mezzo secolo fa. Probabilmente non la si considerò neppure degna di discussione. Altri studiosi ed inventori che seguirono al *D'Arsonval* e che pure esaminarono più a fondo il problema non ebbero maggior fortuna: i loro progetti rimasero allo stato di progetto e nulla più. Così fu dell'americano *Campbell* (1913), degli ingegneri italiani *Dornig* e *Boggia* (1918) e del fisico tedesco *E. Bräuer.* Nessuno venne ascoltato e quanto scrissero in proposito fu messo nel dimenticatoio come l'articolo di *D'Arsonval.* Finchè un bel giorno — nel novembre del 1926 — l'Accademia delle Scienze di Parigi ricevette una relazione, la cui lettura acuì la curiosità di tutto il mondo, poichè era firmata con un nome illustre.

« Ho l'onore » incominciava la relazione « di presentare all'Accademia in nome di *P. Boucherot* e mio, i risultati di studii nel campo della geografia fisica, che potrebbero dar luogo ad inattese conseguenze pratiche.

« Come è noto, l'acqua del mare ha alla profondità di 1000 metri una temperatura uniforme che s'aggira intorno ai 4-5 gradi centigradi. D'altra parte si sa che la temperatura superficiale dei mari tropicali oscilla in generale fra i 26 ed i 30 gradi. In base a questi due fatti si può stendere a grandi linee un piano di sfruttamento del calore del mare, che in ultima analisi non è che un progetto d'utilizzazione del calore solare.

« L'intervento delle acque profonde del mare sembra di primo acchito alquanto difficile da ottenersi. Ma la difficoltà non è insuperabile poichè basta immergere un tubo termicamente bene isolato fino alla profondità desiderata. L'acqua fredda degli strati profondi salirà allora in questo tubo; siccome però essa si distinguerà da quella superficiale per la sua densità, leggermente maggiore, il suo livello non raggiungerà del tutto il bordo superiore del tubo, bensì ne resterà più in basso di forse un metro. Solo da questa altezza sarebbe necessario un sollevamento mediante pompe; per il resto l'ascesa dell'acqua fredda avverrà da sè per il principio dei vasi comunicanti.

« Un ostacolo difficilmente superabile sembra anzitutto essere quello della troppo piccola differenza di temperatura fra le due acque, la quale non supera i 20 ÷ 22 gradi. La pressione di vapor acqueo che ne deriva è così bassa da non essere stata finora mai adoperata per produrre energia motrice, nell'ipotesi appunto che non bastasse a tale scopo. Le nostre esperienze ci hanno invece del tutto inaspettatamente persuaso del contrario.

« Più che altro per curiosità abbiamo infatti voluto verificare se la pressione di vapore in questione fosse abbastanza grande per venire utilizzata all'azionamento di macchine motrici; nè nutrivamo in tal senso eccessive speranze. Con nostra grande sorpresa risultò tuttavia che l'energia del suddetto vapore era già utilizzabile nelle attuali turbine a vapore, benchè la differenza di pressione fosse assai inferiore a quella correntemente usata.

« Se si fa aspirare del vapore acqueo di 24 gradi, che possiede una pressione di 0,03 atmosfere, da un alto vuoto, prodotto in un condensatore da un raffreddamento a 7 gradi, allora il vapore assume una velocità di deflusso di 500 metri al secondo ed è atto ad impartire ad una turbina a salto unico una velocità periferica fino di 250 metri al secondo. Ogni chilogrammo di questo vapore, la cui pressione è 700 volte minore di quella di un vapore di 20 atmosfere, fornisce un lavoro che è solo cinque volte inferiore alla quantità d'energia che si ricava lasciando

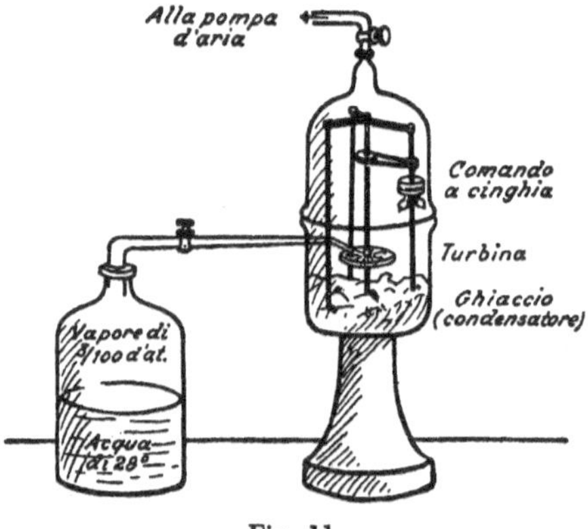

Fig. 11.

Schema dell'apparecchiatura sperimentale con la quale Claude e Boucherot dimostrarono davanti all'Accademia delle Scienze di Parigi la possibilità di ricavare energia dal mare.

espandere il vapore di 20 atmosfere fino a 0,2 atmosfere.

Questo fatto è così sorprendente che abbiamo immaginata una piccola esperienza per persuadercene. Prendemmo la ruota mobile di

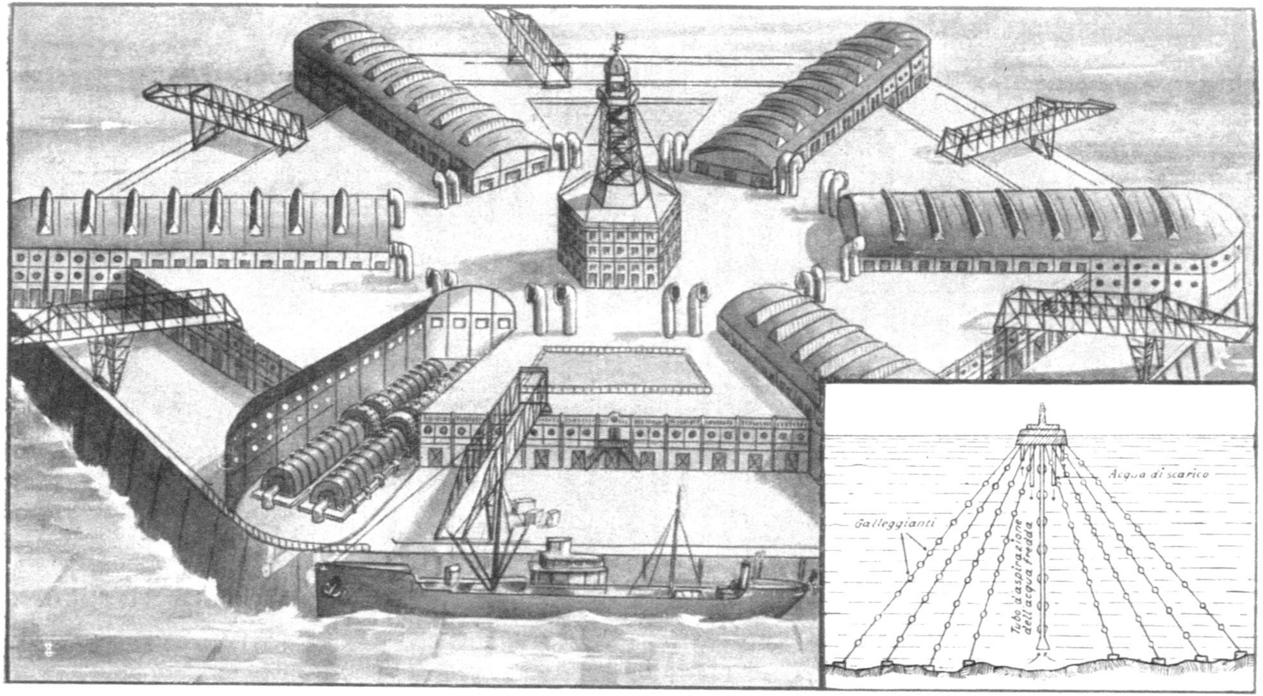

Tavola VIII.

(Vedasi a tergo la didascalia)

Progetto di una centrale marina galleggiante
secondo Claude e Boucherot.

Un colossale pontone esagonale di 600 metri di diametro porta sei capannoni radiali. In ciascuno di questi sono installati quattro turbogeneratori, ognuno di 40 000 chilowatt di potenza; in totale quindi una potenza di circa un milione di chilowatt. L'acqua calda superficiale viene aspirata subito sotto il pontone; l'acqua fredda delle profondità marine sale lungo un tubo centrale d'aspirazione di 600-1000 metri di lunghezza. Fra i capannoni si trovano delle fabbriche elettrochimiche che trasformano, per così dire, l'energia generata nelle centrali in prodotti chimici di facile trasporto. Mediante ponti mobili di caricamento la produzione delle fabbriche viene direttamente stivata nelle navi. L'edificio centrale contiene le abitazioni degli ingegneri e degli operai. Il sovrapposto faro serve ad indicare l'ubicazione dell' « isola ». Simili pontoni sarebbero già costruibili oggi, data la perfezione raggiunta nell'architettura navale. Un problema è costituito dall'ancoramento; come la intende il Claude è visibile nella cartina in basso, a destra.

una turbina Laval costruita per una pressione di vapore di 20 atmosfere e l'installammo in un recipiente, tenendone verticale l'albero, come è visibile nello schema esplicativo di fig. 11. Da un grosso serbatoio facemmo arrivare, per mezzo di un tubo, del vapore di 28 gradi sulle palette della turbina. Nel vano sotto quest'ultima ponemmo dei pezzi di ghiaccio, funzionanti da condensatore. In alto il recipiente terminava con un tubo, che collegato ad una pompa serviva ad aspirare lentamente l'aria dai due recipienti.

Appena che la pressione all'interno del serbatoio d'acqua discese al di sotto della pressione di vapore dell'acqua cotenutavi, questa cominciò a bollire ([1]); il vapore fluì attraverso la turbina, mettendola in rotazione; dopo di che, per effetto del ghiaccio, si condensò formando di nuovo acqua. Mediante la turbina, che faceva 5000 giri al minuto, si azionò una piccola dinamo che forniva tanta corrente da alimentare tre piccole lampadine elettriche ad incandescenza.

([1]) In base alla nota legge di fisica: quanto più bassa la pressione, tanto più bassa la temperatura di vaporizzazione. Sulle montagne l'acqua bolle più facilmente che in pianura, perchè la pressione dell'aria vi è minore. Se si diminuisce la pressione fino al limite necessario, l'acqua si mette a bollire anche alla temperatura ambiente.

« Ciò che questa esperienza mostra in piccolissima scala, noi vogliamo realizzare in scala più grande. Al posto dell'acqua riscaldata artificialmente subentra l'acqua calda della superfice del mare. Essa viene costantemente aspirata in una caldaia, in cui, mediante una diminuzione di pressione, entra in ebollizione. Dopo che il vapor acqueo così prodotto ha lavorato nelle turbine, viene di nuovo ridotto ad acqua in un condensatore refrigerato mediante acqua fredda. La pressione di vapore ammonta a solo 0,03 atmosfere, cioè la corrente di vapore che attraversa costantemente l'apparecchio è appena percettibile. Se si riesce a costruire una turbina che lavori a così bassa pressione, allora nulla si potrà più opporre ad una utilizzazione industriale del nostro processo, poichè l'acqua calda è sempre disponibile in quantità illimitata ».

Sotto questo progetto stava il nome di *Giorgio Claude*, il che assicurò alla breve relazione la massima considerazione. Altrimenti si avrebbe di nuovo messo a dormire l'idea come se fosse nata dal cervello di un visionario. Ma tale non si poteva considerare il *Claude*, che del resto aveva già sovente abbandonato le vecchie strade per seguirne altre originali in cerca di cose nuove. Ciò gli ha già procurato talora dei successi industriali, in parte con sistemi ritenuti da altri impossibili.

Questo fatto gli cattivò subito fin da principio una fiducia che invano sarebbe stata sollecitata da un teorico, per quanto celebre fosse. Ciononostante molti tecnici, fra i più conservativi, accolsero l'idea con non larvato scetticismo. Chi trovava da ridire su questo, chi su quest'altro particolare. Altri ancora dimostravano, cifre alla mano, che l'intero progetto era utopistico. A tutte queste obiezioni *Claude* rispose nel modo più assennato: contrapponendo alle critiche da tavolino i risultati della pratica attuazione della sua idea.

Dapprima venne ripetuto davanti ai membri dell'Accademia delle Scienze di Parigi e ad un certo numero di invitati la già descritta esperienza (vedansi pagg. 92-93) ed invero con ottimo successo: la turbina marciava, le lampadine ad incandescenza s'accendevano, la misura della potenza sviluppata dava tre watt.

Allora si tentò una seconda applicazione, più in grande. *Claude* ed il suo collaboratore, l'ing. *Paolo Boucherot,* progettarono un impianto per

50 chilowatt, che funzionò nell'officina siderurgica belga di Ougrée-Maryhaye. Quale sorgente di calore servì l'acqua di raffreddamento degli alti forni, la cui temperatura normale di 14 gradi centigradi venne, mediante insufflazione di vapore, elevata di tanto da risultare costantemente di 20 gradi maggiore dell'acqua della Mosa usata per la refrigerazione del condensatore. In tal modo si potè per tutta la durata dell'esperimento mantenere lo stesso salto di temperatura, sul quale secondo tutte le conoscenze finora acquisite si può contare nei mari tropicali.

Tutte le pompe dell'impianto vennero costruite nella grandezza necessaria. Al 28 aprile del 1928 l'impianto era pronto. Quattro giorni dopo la turbina marciava per la prima volta, in ragione di 5000 giri al minuto e fornendo la potenza prevista di 50 chilowatt. La verifica del bilancio energetico dimostrò che tutte le macchine ausiliarie prese insieme consumavano solo un quarto della potenza ottenuta, sicchè la potenza disponibile era del 75 %. Con che il *Claude* dimostrò la praticità delle sue concezioni.

Al primo giugno del 1928 l'impianto sperimentale venne visitato da una Commissione dell'Acca-

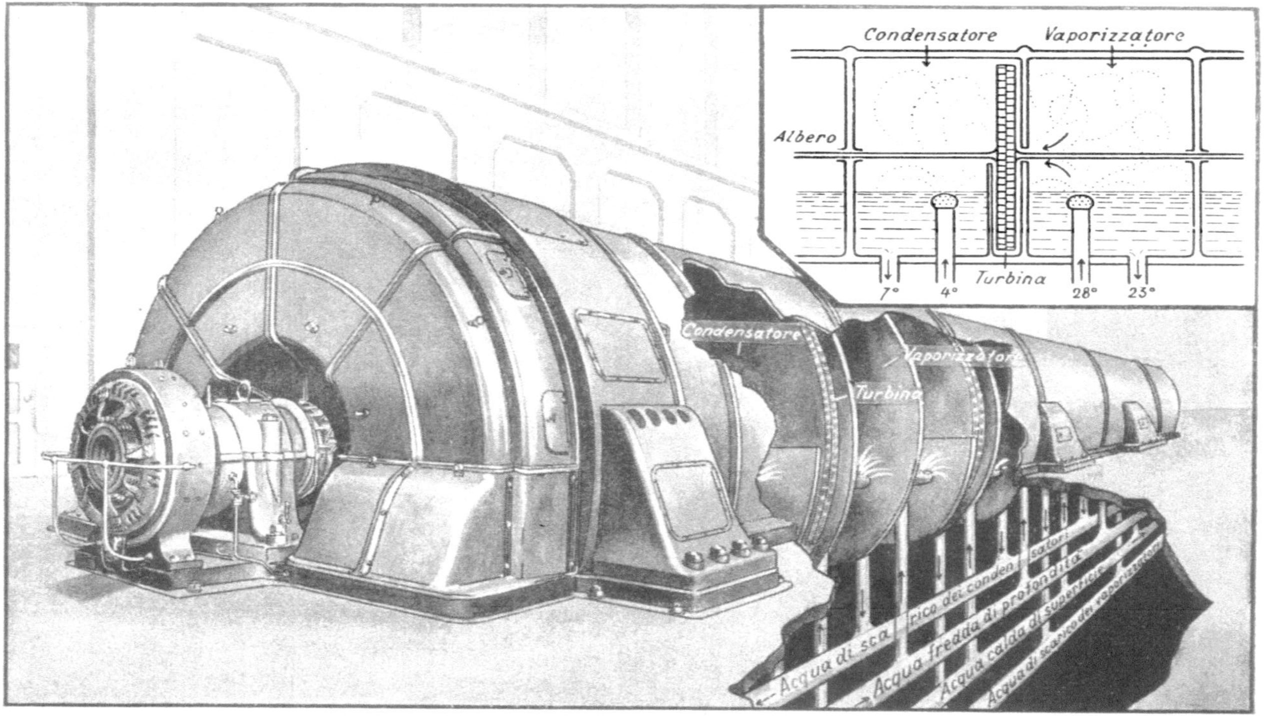

TAVOLA IX.

(*Vedasi a tergo la didascalia*)

Progetto di un turbogeneratore per centrali oceaniche
secondo Claude e Boucherot.

L'acqua calda superficiale, di 28 gradi centigradi, aspirata da una pompa centrifuga, entra, dopo degasificata, nei cosiddetti vaporizzatori, nei quali una pompa d'aria riduce la pressione in modo che l'acqua possa parzialmente trasformarsi in vapore. L'acqua restante, non vaporizzata e che avrà ancora 23 gradi circa di temperatura, ritorna attraverso una tubazione speciale al mare. L'acqua fredda degli strati profondi, di circa 4 gradi di temperatura, viene, mediante una seconda pompa centrifuga, mandata nel cosiddetto condensatore ove si riscalda fino a circa 7 gradi, per poi ritornare parimenti al mare. Fra ogni vaporizzatore e rispettivo condensatore è situata una turbina cui il vapore arriva per ammissione centrale. Dopo eseguito il suo lavoro, il vapore esce alla periferia della turbina e passa nel condensatore, ove ridiventa acqua. Le ruote delle turbine hanno un diametro di 10 a 15 metri. Tutte le altre parti hanno dimensioni corrispondenti.

demia di Parigi. Il relatore, *Le Chatelier*, concludeva il suo giudizio con le parole: «Per la prima volta si vede qui una macchina a vapore funzionante con un salto di temperatura di alcune decine di gradi. La prima parte del problema mi sembra con ciò risolta; rimane da risolvere la seconda: l'immersione di un tubo di alcune migliaia di metri di lunghezza nella profondità del mare ».

Ciò suonava come dubbio ed in pari tempo come sfida. *Claude* non esitò a partecipare alla nuova impresa con i propri capitali; la spesa prevista era di parecchi milioni. Dopo accurati studii preliminari venne scelta per la terza prova in grande stile la baia di Matanzas, sulle coste settentrionali dell'isola di Cuba, a circa 85 chilometri ad oriente dell'Avana, ove le temperature dell'acqua, la pendenza del fondo marino ed altre condizioni erano particolarmente favorevoli. Uno schema dell'impianto è visibile nella fig. 12.

In *W* la pompa *A* aspira dal mare l'acqua calda superficiale avente la temperatura di 28 gradi e la manda, dopo degasificazione, nella caldaia *B*. In questa la pressione di vaporizzazione viene, mediante produzione di vuoto, ridotta di tanto da abbassare a 28 gradi il punto d'ebollizione dell'acqua. Di conseguenza l'acqua del mare vaporizza senza ulteriore spesa di calore. Il vapore, attraverso il tubo *C*, passa nella turbina a bassa pressione *D*, accoppiata al generatore *E*, e si scarica nel condensatore *F*. Qui subentra in attività l'acqua fredda *K* del fondo marino. Quest'acqua viene aspirata mediante la pompa *G* attraverso il tubo *H* ed usata nel condensatore per ridurre di nuovo il vapore di scarico della turbina ad acqua. L'acqua di condensazione fluisce di nuovo al mare insieme all'acqua refrigerante, passando per il tubo *L*.

La condensazione del vapore di scarico produce nel condensatore un vuoto la cui depressione aspira il vapore che lavora nella turbina. Appena ciò ha luogo si può fermare la pompa a vuoto che aspira l'aria dalla caldaia all'atto dell'avviamento, poichè da questo momento in avanti il salto termico fra l'acqua superficiale e quella profonda mantiene l'impianto in funzione, purchè non cessino di lavorare le pompe *A* e *G*.

Da questa breve descrizione risulta senz'altro che le difficoltà costruttive di un simile impianto — facendo astrazione dalla grandezza delle singole sue parti — si concentrano essenzialmente in un sol punto: nella posa del ciclopico tubo d'aspirazione che deve portare alla superficie l'acqua fredda delle profondità marine. A Matanzas si dimostrò necessario un tubo della lunghezza di

Fig. 12.

Schema dell'impianto sperimentale costruito da Claude e Boucherot sulle coste settentrionali dell'isola di Cuba. *W* è l'acqua calda superficiale, *K* è la fredda del fondo marino, *A* la pompa dell'acqua calda con deareatore, *B* l'evaporatore o caldaia, *C* la condotta del vapore, *D* la turbina, *E* il generatore, *F* il condensatore, *G* la pompa dell'acqua fredda con deareatore, *H* la condotta dell'acqua fredda, *L* la condotta di scarico.

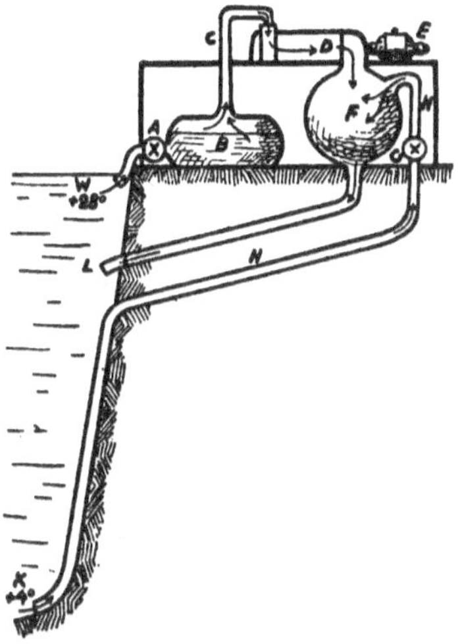

circa due chilometri. Non si poteva calare questo tubo verticalmente nel mare, ma bisognava posarlo sul fondo marino scendente con dolce pendenza verso il largo.

Siccome *Claude* pensava di utilizzare il tubo per una futura centrale di maggior potenza, gli diede un diametro di 1,6 metri, benchè per l'impianto in questione bastasse un tubo di larghezza molto minore. Il tubo venne costruito in lamiera d'acciaio lievemente ondulata; i singoli tronchi di 20 metri l'uno, debitamente isolati contro il calore, vennero poi congiunti insieme con guarnizioni di gomma. In tal modo si prepararono due pezzi di tubo, l'uno di 150 metri che si spinse dalla riva in mare, ove raggiunse una profondità di 18 metri e l'altro, il principale, di 1850 metri che dei palombari dovevano collegare al precedente.

La posa fu per due volte sfortunata. La prima volta si ruppero i cavi di sostegno e il tubo affondò; la seconda il tubo si piegò fessurandosi e la rottura non si potè riparare. Questi accidenti rappresentarono una forte perdita di denaro. Ciononostante *Claude* non si perdette d'animo. Al 7 settembre del 1930 venne posato un terzo tubo e questa volta tutto procedette appuntino. Solo che il nuovo tubo non era lungo quanto i precedenti, raggiungendo soltanto i seicento metri di profondità (1).

(1) Va segnalato che nel 1928 il Boggia aveva proposto la costruzione, in luogo del tubo, di un pozzo inclinato, seguente press'a poco l'andamento del declivio della costa e sboccante in mare alla profondità voluta. Questa soluzione è perfettamente realizzabile con i mezzi attuali ed appare più sicura di quella di un tubo posato sul fondo marino.

Nelle settimane successive si montarono le macchine ausiliarie ed al primo ottobre prese a marciare la turbina. Ma questa non forniva che 22 chilowatt. Le cause erano però evidenti: il tubo d'aspirazione era troppo corto, per cui non poteva raggiungere un'acqua abbastanza fredda. Di conseguenza l'acqua refrigerante arrivava nel condensatore con circa 14 gradi di temperatura, sì che, con 28 gradi alla superfice del mare, il salto termico si riduceva a soli 14 gradi.

Inoltre *Claude* aveva montato a Matanzas il piccolo impianto già usato nel Belgio, di 50 chilowatt, per il quale il nuovo tubo aspirante con la sua pompa centrifuga, calcolata per una portata oraria di 4000 metri cubi, era troppo grande. In queste condizioni le macchine ausiliarie consumavano assai più energia di quella prevista.

Per un osservatore superficiale restava così dimostrato l'insuccesso dell'audace e costosa iniziativa. Se invece si guardano le cose un po' più a fondo, bisogna riconoscere con *Claude* che l'esperienza ha provato la possibilità nei tropici di trarre partito dalle stratificazioni termiche delle acque marine, per produrre dell'energia. Il fatto che non vi si può riuscire senza superare notevoli difficoltà e che perciò le prime esperienze non hanno corrisposto alle speranze, non è una ragione per gettare il manico dietro la scure.

Non esiste alcuna importante invenzione la quale, benchè basata sulle più sicure deduzioni teoriche, non abbia richiesto per la sua realizzazione un buon numero di tentativi e di ricerche. E così neppure *Claude* si è lasciato spaventare dal risultato che abbiamo esposto; al contrario egli ripone le più ardite speranze sulla bontà del principio. Il suo modo di ragionare è il seguente: in una grande centrale, un tubo avente le dimensioni di una galleria ferroviaria, aspiri l'acqua dalle quote profonde del mare, ove la sua temperatura è solo ancora di circa 4 gradi centigradi.

Allora si può contare su un salto termico finanche di 24 gradi. Siccome la potenza termodinamica ottenibile è proporzionale al quadrato di tale differenza di temperatura, siccome il rendimento delle turbine a vapore aumenta notevolmente con la grandezza, e poichè infine le perdite per attrito e con ciò il consumo di energia della pompa d'acqua fredda per ogni metro cubo d'acqua sollevata diminuiscono rapidamente col crescere del diametro del tubo, così il rendimento di una futura grande centrale dev'essere molto più vantaggioso che a Matanzas.

In base ai risultati sperimentali finora ottenuti *Claude* ha calcolato quanto potrebbe costare e rendere una simile centrale. Dalle sue conclusioni si ricaverebbe che ogni metro cubo d'acqua sollevata dalle profondità marine, fornirebbe, dopo dedotto il lavoro speso nelle macchine ausiliarie, tanta energia elettrica quanta corrisponde a 50 000 chilogrammetri. In altre parole: la centrale, in quanto a potenza e consumo d'acqua, equivarrebbe ad una centrale idroelettrica usufruente d'un salto di 60 metri.

Secondo *Claude* il costo d'impianto sarebbe di circa 1800 lire per cavallo vapore installato, alquanto meno quindi di quello che costano in media le centrali idroelettriche. Siccome una centrale oceanica non ha da sostenere spese d'esproprio, siccome la sua manutenzione è più economica di quella di una centrale idroelettrica e poichè infine l'acqua del mare è sempre disponibile in quantità illimitata, è chiaro che le idee di *Claude* debbono avere un avvenire anche se questi nel suo ottimismo ha sottovalutato le spese d'impianto.

D'altra parte occorre pure osservare che non è rigoroso basarsi, nel calcolare il rendiconto economico di tali centrali, sulle condizioni attuali. Giacchè si tratta di vie nuove e le considerazioni economiche dell'oggi possono già entro pochi anni venire superate. Comunque la storia della tecnica ha esempi a iosa della facilità con la quale ci si rende ridicoli con un « impossibile » dovanti alle future generazioni. Per la nostra innata inerzia spirituale calcoliamo come se tutto si conservasse allo stato attuale, il che non è possibile.

Supponiamo per esempio che prenda piede il progetto già ventilato di creare dei porti galleggianti in mezzo all'Atlantico, come punto d'appoggio degli idroplani destinati al futuro servizio per le Americhe. Per queste isole artificiali le centrali tipo *Claude* sarebbero le benvenute per la fornitura dell'energia alle macchine, ai proiettori, ecc. In questi casi il tubo aspirante andrebbe immerso verticalmente, un metodo di posa molto più semplice ed economico di quello obliquo lungo una costa. Si potrebbe allora costruire il tubo in un materiale così leggero da pesare press'a poco quanto l'acqua; le pareti del tubo non verrebbero così a sostenere sforzi di trazione.

Idee analoghe sembrano patrocinate anche dal *Claude*, come si rileva dalla Tav. VIII, che rappresenta una centrale Claude installata su un pontone di enormi proporzioni. Comunque, sarebbe un sottovalutare uno scienziato della portata del *Claude* ed un abile ingegnere come *Boucherot,* se si volesse condannare l'intera questione in base a qualche calcolo sommario, che del resto i due inventori non avranno tralasciato di fare.

Il 4 settembre 1933 il *Claude,* in una delle sue comunicazioni all'Accademia delle Scienze, prospettò un modo di realizzazione del suo processo assai differente dagli altri fino allora considerati e in virtù del quale diventava realizzabile e sfruttabile col minimo di spesa una centrale di qualche migliaio di chilowatt, adatta ad una prima applicazione pratica della nuova idea.

Questa si ricollega in sostanza alla soluzione più sopra esposta delle grandi isole galleggianti; se per il momento, in causa specialmente della forte spesa, una centrale sperimentale su un pontone galleggiante è difficilmente realizzabile, non è così per i bastimenti in disarmo, i quali, in conseguenza della crisi mondiale vengono a costare relativamente un nonnulla. Per esempio una grossa nave mercantile di 10 000 tonnellate potrebbe, salvo in tempo di burrasca, presentare la stabilità necessaria all'installazione a bordo di una centrale Claude-Boucherot ed al suo funzionamento in vista d'una utilizzazione sulla nave stessa dell'energia elettrica così prodotta.

I vantaggi che se ne ripromette il *Claude* sono i seguenti: possibilità d'installarsi in punti molto più numerosi delle coste tropicali ed anche in prossimità dei grandi centri di consumo dei prodotti fabbricati; tubazione sottomarina verticale per la pompatura dell'acqua fredda; abbiamo già visto che in tal caso la posa riesce più agevole che a riva; anche le perdite di freddo sarebbero più piccole; costruzione più comoda e migliore della centrale medesima, poichè la si può montare in cantiere e non su una costa selvaggia, ecc.

Resta a vedere quale può essere l'uso a bordo dell'energia prodotta. Ora, dice il *Claude,* vi è un'utilizzazione che, assai appropriata alle condizioni locali dei tropici, permetterà di chiedere al mare generatore di questa energia d'aumentarne esso stesso in enorme misura l'effetto utile: la fabbricazione del ghiaccio.

Il fatto di avere disponibile a bordo dell'acqua già raffreddata a + 5 gradi, rende la fabbricazione assai meno onerosa che a terra, specie nei climi torridi. E trattandosi di fabbricare del ghiaccio non alimentare si otterrebbe, complessivamente, un rendimento all'incirca triplo di quelli attuali. In queste condizioni, alle quali dovranno aggiungersi una grande semplicità di fabbricazione ed un sistema razionale di distribuzione del ghiaccio a terra, si potrebbe, secondo il *Claude,* ridurre per il consumatore a meno di un quinto il prezzo del ghiaccio non alimentare; ne conseguono delle prospettive del tutto nuove, come la possibilità di lottare contro il calore e trasformare così le condizioni d'esistenza delle città costiere delle regioni tropicali.

I capitali necessari alla nuova impresa non essendo stati trovati, il *Claude* ha deciso di pagare nuovamente di propria tasca. Ed ecco ora una nave, la « Tunisie », di 10 000 tonnellate, in via d'allestimento per la sua nuova funzione. La centrale è prevista per una potenza utile di soli 1800 chilowatt, di cui 1200 potranno venire impiegati alla fabbricazione del ghiaccio. L'avvenire dirà se i vantaggi previsti del *Claude* saranno reali.

* * *

Se anche le idee di *Claude* non si sono, contro ogni aspettativa, dimostrate o non si dimostreranno utilizzabili, esiste però un'altra via per raggiungere lo scopo desiderato. Essa era già stata indicata fin dal 1918 dagli ingegneri *Dornig* e *Boggia,* nel 1922 da *W. Schmidt,* l'inventore della macchina a vapore surriscaldato, e nel 1924 anche dal fisico *E. Bräuer* di Berlino. Le difficoltà principali dell'idea di *Claude* stanno manifestamente nella necessità di degasificare l'acqua della superficie del mare prima della sua vaporizzazione (1) e nelle colossali dimensioni che bisogna dare all'intero macchinario per via della bassa pressione del vapore, qualora si tenda a delle potenze veramente rilevanti.

Quanto minore è infatti la pressione di vapore,

(1) Perchè contiene alquanta aria che nell'evaporazione si libera e con la sua pressione riduce o potrebbe anche annullare la piccolissima differenza di pressione esistente fra evaporatore e condensatore.

tanto maggiore dev'essere naturalmente la quantità di vapore necessaria al funzionamento di una grossa turbina, che a sua volta richiede corrispondenti quantità di acqua calda in caldaia e di raffreddamento nel condensatore. Tutte queste difficoltà scadono se non si usa direttamente l'acqua superficiale all'azionamento delle turbine, bensì al riscaldamento di una caldaia tubolare.

In questa caldaia si vaporizza allora un liquido a basso punto d'ebollizione, per esempio dell'ammoniaca o dell'anidride carbonica od anche dell'anidride solforosa (come era stato proposto da *D'Arsonval*), i cui vapori raggiungerebbero una pressione abbastanza elevata. Con questo vapore ad alta pressione si alimenta la turbina; dopo di che lo si riduce di nuovo a liquido in un condensatore raffreddato dall'acqua sollevata dalle profondità marine. Il liquido si rimanda poi in caldaia [1].

I vantaggi di questo sistema sono evidenti. Non è necessario degasificare l'acqua superficiale del mare e neppure di evacuare dall'aria l'eva-

---

[1] In sostanza un simile impianto coincide con quello della Tav. XI. Il tubo che in quest'ultimo conduce il vapore naturale, condurrebbe invece l'acqua della superficie del mare.

poratore come si doveva fare per abbassare la temperatura d'ebollizione. Con ciò scadono due delle macchine ausiliarie indispensabili al *Claude* e che consumano una buona parte dell'energia prodotta. Di importanza ancora maggiore è però un'altra circostanza. In una caldaia tubolare riscaldata ad acqua calda, la trasmissione del calore alle pareti dei tubi è molto più vantaggiosa che in una caldaia del genere riscaldata mediante focolare a carbon fossile.

Di conseguenza nel sistema che c'interessa, ad onta del basso salto di temperatura disponibile, la caldaia non assumerà proporzioni molto maggiori di quelle d'una comune caldaia di centrale termica a vapore. Lo stesso va ripetuto per la turbina che nel nostro sistema viene azionata con una pressione di vapore assai maggiore che in quello del *Claude,* sì da risultare relativamente molto più piccola. Infine non c'è bisogno di scendere col tubo sottomarino fino a così grande profondità quale è previsto dal *Claude.*

Dai calcoli risulta che un impianto che funzioni come qui prospettato dà il suo rendimento migliore con un salto di temperatura di soli 20 gradi centigradi. In altre parole: se si parte da un'acqua superficiale di 28 gradi, quella fredda basta che sia di 8 gradi. Dell'acqua di questa temperatura si trova nei mari tropicali già ad un massimo di 400 metri di profondità. Economicamente ciò rappresenta una notevole riduzione delle spese. Non soltanto per quanto riguarda l'impianto medesimo, bensì anche il dispendio tecnico nel montaggio ed esercizio. *Bräuer* ritiene che le spese d'impianto non dovrebbero superare quelle delle usuali centrali termiche, mentre quelle d'esercizio sarebbero molto minori.

Bisogno ammettere che questo modo di ragionare è abbastanza convincente. Ma anche qui dobbiamo fare la stessa riserva da noi espressa più sopra: tutte queste cose sono altrettanto note al *Claude*. Perciò, se questi rimane fedele ai suoi piani e vi arrischia dei milioni pagando del proprio, bisogna che ch'egli abbia le sue buone ragioni. Forse la spiegazione si nasconde in una circostanza che finora non abbiamo discussa: siccome *Claude* vaporizza l'acqua stessa del mare, se ne separeranno delle grandi quantità di sali che contengono ogni sorta di sostanze utili.

La necessità di eliminare queste masse saline è pure stata fatta valere dai critici contro il *Claude*.

Ma perchè, se questi vi scorge forse la maggior promessa economica per il sistema? Dal punto di vista termotecnico la presenza dei sali non è naturalmente desiderabile. Ma economicamente in questi « sottoprodotti » potrebbero, a seconda delle circostanze risiedere delle possibilità di profitto magari maggiori che non nell'energia prodotta.

Ci si può immaginare l'impianto, di cui la Tav. IX dà una disposizione generale, eseguito in modo che lavori sempre solo una parte del vaporizzatore. Allora l'estrazione del sale separatosi non causerebbe alcuna interruzione dell'esercizio.

Questa non è che un'ipotesi, naturalmente, tirata fuori per spiegare la perseveranza del *Claude,* il quale del resto si è anche sempre occupato di industrie chimiche. Comunque sia: all'umanità importa solo che lo scopo prefisso venga in qualche modo raggiunto, poichè la riserva d'energia dovuta alla diversità di temperatura degli strati d'acqua del mare è, dopo quella insita nelle radiazioni solari e l'altra delle maree, certamente la maggiore a disposizione dell'uomo.

Tanto più preziosa poi perchè, a differenza

TAVOLA X.

Anche il mondo polare è destinato a fornire energia: ecco un progetto di centrale artica che utilizza il freddo del nord per produrre corrente elettrica.

della radiazione solare e delle maree, non dipende nè dall'ora del giorno nè dalla stagione e del resto non varia che di poco. In queste circostanze la sua utilizzazione potrà essere causa di una profonda rivoluzione delle condizioni industriali e sociali delle regioni tropicali. Siccome gli impianti produrranno continuamente, come cascame di lavorazione, del freddo (sotto forma dell'acqua fredda di scarico) essi offriranno anche, oltre a dell'energia elettrica, la possibilità di raffreddare quasi senza spesa locali d'abitazione e di lavoro.

In tal modo i tropici diverrebbero più ospitali per i lavoratori di razza bianca, la quale potrebbe così industrializzare una buona parte della superficie terrestre che finora si sottrae a questa possibilità per ragioni climatiche. Su questa idea è, come vedemmo, venuto anche il *Claude,* solo ch'egli prevede la fabbricazione di ghiaccio artificiale come prodotto primo e non come residuo di lavorazione.

Da questo punto di vista è, per finire, ancora interessante esaminare quali punti della Terra si prestino alla costruzione di centrali oceaniche. Delle centrali natanti sono naturalmente immaginabili ovunque. Ma siccome le relative spese di costruzione ed esercizio saranno maggiori, salvo naturalmente si tratti di impianti installati su navi in disarmo, si preferiranno possibilmente delle centrali su terraferma.

Oltre al salto di temperatura dell'acqua quanto più possibile elevato e che è proprio dei tropici, le rispettive coste debbono presentare due particolari condizioni: una pendenza quanto più ripida possibile verso il mare fino agli strati freddi profondi ed una notevole corrente marina vicino a riva affinchè le acque di scarico vengano allontanate dalla centrale. Se ciò non avesse luogo, esse finirebbero per raffreddare progressivamente le acque superficiali. Le conseguenze sarebbero ovvie: il rendimento della centrale diminuirebbe fino ad annullarsi.

Se passiamo in rivista le regioni costiere dei tropici che possano soddisfare a queste due essenziali condizioni ed in pari tempo abbiano bisogno d'energia, troviamo anzitutto le isole di Giava, Ceylon, Cuba e le Piccole Antille, indi le vicinanze di Key West e di Miami nella Florida, infine le coste del Messico. Tutte regioni che già oggi hanno carattere europeo per la densità delle loro reti di distribuzione d'energia elettrica e per il loro consumo d'energia.

La scelta si allarga di molto se per il collocamento della corrente elettrica non si considera soltanto il consumo in territori di colonizzazione ma anche l'altra possibilità: della fabbricazione di prodotti chimici facilmente trasportabili da parte degli stabilimenti connessi alle centrali. Allora si possono prendere in considerazione anche le isole della Sonda, le Maldive e Laccadive, le Nicobare e le Andamane, le Comore e le Seicelle, come pure le isole dell'aperto Atlantico. Tutte presentano coste in ripida discesa, lambite da forti correnti.

Naturalmente va qui soddisfatta un'ulteriore condizione: l'esistenza di un porto accessibile alle grandi navi. Se questo è il caso, allora simili impianti vincerebbero la concorrenza di quelli continentali non solo per l'energia più a buon mercato, ma anche per un'altra importante ragione: perchè si trovano disseminate lungo le grandi vie oceaniche di comunicazione, sicchè il prezzo dei loro prodotti verrebbe gravato solo dal basso costo del trasporto marittimo.

Tutte queste possibilità sono presenti al

Claude quando, nel caso di una realizzazione delle sue idee, profetizza una completa rivoluzione delle attuali condizioni economiche e prevede la nascita di futuri centri industriali non più in Europa ma lungo le coste tropicali. Data la carestia d'energia che si avrà nel prossimo futuro, potrebbe darsi che questa previsione si avveri.

8. — IL FREDDO DELLE REGIONI POLARI COME SORGENTE D'ENERGIA

Gli estremi si toccano anche nella tecnica. Dai progetti tropicali del *Claude*, una via diretta conduce fra i ghiacci eterni dei poli, ove un inventore vuole pure sfruttare un salto naturale di temperatura e precisamente la riserva di calore che l'acqua possiede sotto il ghiaccio artico in confronto dell'ambiente assai più freddo. Una coperta di ghiaccio rappresenta in verità un eccellente isolamento termico che impedisce tanto più efficacemente il raffreddarsi dell'acqua sottostante quanto maggiore è il suo spessore. Di conseguenza anche all'estremo nord si può trovare dappertutto, sotto la banchiglia, un'acqua di mare la cui temperatura è di 2 a 3 gradi sopra il punto di congelamento, benchè la temperatura media dell'aria in quelle regioni discenda a — 22° C.

Questo salto termico fra l'acqua e l'aria delle contrade polari si può sfruttare, per cavarne energia, sostanzialmente nello stesso modo del salto di temperatura fra acque superficiali e profonde presso l'equatore. Occorre soltanto disporre di un fluido che a circa 0° gradi sia vapore ed a — 22° liquido, affinchè nel campo di temperatura in questione possa seguire un ciclo analogo a quello cui si sottopone il vapore acqueo fra 0° e 100° gradi, per azionare delle macchine a vapore.

Delle poche sostanze che rispondono a tali requisiti, meglio si presta il butano, un idrocarburo che alla pressione normale bolle già a — 10° gradi mentre a temperature più basse è liquido. In più il butano ha la preziosa proprietà di non sciogliersi nell'acqua. Su queste caratteristiche del butano si basa il progetto sviluppato dal fisico *Barjot* di una centrale glaciale mediante la quale egli vorrebbe approvvigionare d'energia le regioni più settentrionali del globo specialmente quelle minerarie del Canadà.

Dal capitolo precedente risulta che per utilizzare un salto di temperatura occorrono tre organi: un vaporizzatore che fornisce il vapore motore, una turbina, nella quale l'energia termica di questo vapore viene trasformata in energia meccanica, ed un condensatore che torna a liquefare il vapore di scarico della turbina. Una breve riflessione ci dice che nel nostro caso il vaporizzatore può essere molto piccolo. Siccome il butano non si scioglie nell'acqua e bolle già a — 10° gradi, basta mescolarlo in una caldaia con l'acqua marina di 2 a 3 gradi, di cui si vuole sfruttare il contenuto termico. Il butano incomincia subito ad evaporare; per contro l'acqua, cui viene sottratto il proprio calore, congela. E, naturalmente, i pezzi di ghiaccio che si formano bisogna rimuoverli; essi corrispondono alle ceneri di un ceneraio di caldaia a vapore del tipo usuale, riscaldata a carbone. Inoltre bisogna che il vaporizzatore sia ancora provvisto di un dispositivo che elimini l'aria che si svolge nel congelamento dell'acqua.

Altrettanto semplice si prospetta il condensatore, il cui ufficio è di liquefare nuovamente il vapore di butano proveniente dalla turbina; si convoglia a questo scopo il vapore di butano in un grande recipiente chiuso che contiene dei pezzi di salamoia congelata a — 22°

gradi [1]. A contatto di questo « ghiaccio salato », il quale a causa della forte quantità di calore necessaria a scioglierlo, è un ottimo mezzo refrigerante, il vapore di butano si raffredda rapidamente di tanto da ridiventare liquido. Il butano liquefatto ritorna direttamente dal condensatore nel vaporizzatore, mentre la salamoia, liquefatta dal calore sottratto al vapore di butano, fluisce all'aperto, ove si congela di nuovo in un apposito impianto.

La fig. 13 mostra come *Barjot* immagina la disposizione ed il funzionamento della sua centrale artica. Sulla destra vediamo il mare coperto dalla banchiglia. Sotto il ghiaccio sbocca un tubo collegato ad una pompa che aspira l'acqua di mare avente la temperatura di 2 a 3 gradi. Quest'acqua finisce in una caldaia contenente del butano liquido, che tosto, per il calore cedutogli dall'acqua, incomincia a bollire fortemente, mentre l'acqua spruzzata sul butano congela e si rac-

---

(1) Si potrebbe anche naturalmente usare della salamoia liquida opportunamente raffreddata, poichè decisivo è solo il salto di temperatura fra essa ed il vapore di butano. Si ricorre a della salamoia congelata perchè l'aria contenutavi si separa nel congelamento, in modo da evitare l'uso di un aspiratore d'aria.

coglie sotto forma di graniglia ghiacciata sul fondo del recipiente.

Il vapore di butano che si sviluppa aziona una turbina a bassa pressione accoppiata ad

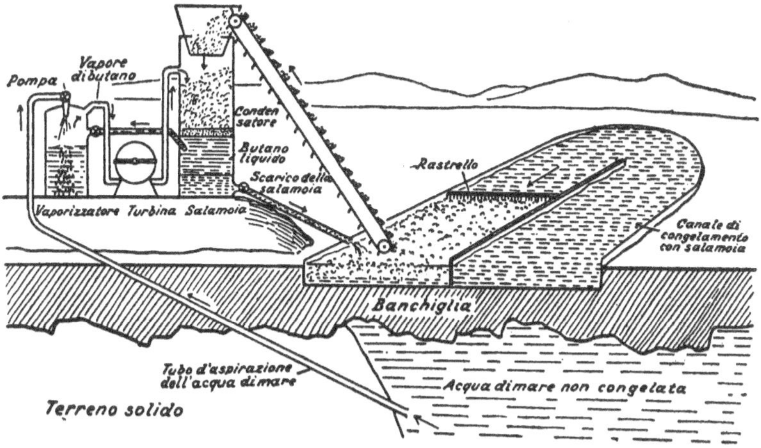

Fig. 13.

Schema di una centrale artica secondo Barjot.

un generatore di corrente elettrica; il vapore di scarico della turbina passa nel condensatore ripieno di pezzi di salamoia congelati a — 22° gradi, ove per il gran freddo si liquefa di nuovo, con che una parte del ghiaccio salato si scioglie. Il butano liquefatto ritorna al vaporizzatore; la salamoia derivante dal ghiaccio salato liquefatto va all'esterno ove congela di nuovo.

A questo ultimo scopo *Barjot* vuole scavare nella banchiglia, in vicinanza della centrale, dei canali refrigeranti in cui vada a versarsi la salamoia « calda » uscente dal condensatore. Scorrendo alla fredda aria aperta essa allora si raffredda man mano, finchè sotto l'influenza della bassa temperatura notturna incomincia a congelare e dapprima in forma di piccole scaglie, che nel corso della notte diventano sempre più grandi senza poter però unirsi in strato compatto per la ragione che la salamoia è in continuo deflusso. Questa graniglia ghiacciata viene di tanto in tanto raccolta da rastrelli mossi elettricamente e addotta ad un elevatore a tazze, che ne approvvigiona il condensatore. La salamoia necessaria si ottiene in questo modo: si lascia congelare dell'acqua di mare finchè la soluzione salina che resta indietro abbia assunta la concentrazione voluta.

A completamento dello schema generale d'impianto, la fig. 14 mostra i particolari del complesso delle macchine. Dalla destra il « ghiaccio salato » entra automaticamente nel condensatore attraverso una torre di salamoia raffreddata a — 22 gradi. Per assicurare quest'autoalimentazione, la pressione dell'aria nel condensatore viene

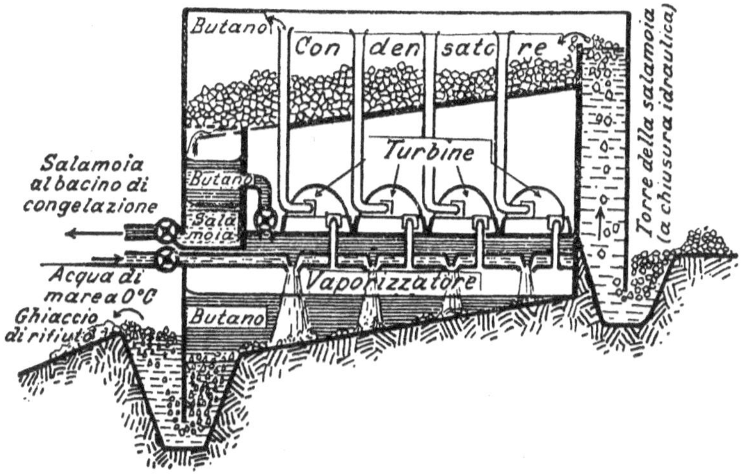

Fig. 14.

Schema della sala macchine di una centrale Barjot.

(Da *La science et la vie*).

fortemente abbassata mediante una pompa d'aria e mantenuta costantemente a tale basso valore.

Di conseguenza la colonna di salamoia della torre, divisa in due parti da un tramezzo, s'eleva di più all'interno che all'esterno. Siccome d'altro canto la graniglia di ghiaccio pesa meno della salamoia liquida, così introdottavi dall'esterno sale entro la colonna di salamoia interna, senza alcun concorso umano o meccanico. Il fondo del condensatore è costituito da una superfice inclinata, lungo la quale il ghiaccio scorre ripartendosi automaticamente. Il fondo è attraversato dal basso verso l'alto dai tubi di scarico delle turbine collocate sotto il condensatore.

Il vapore di butano che esce da questi condotti di scarico si condensa per opera dei pezzi di ghiaccio costituenti una superfice di condensazione straordinariamente grande; il butano liquido insieme alla salamoia liquefatta, scendendo lungo il fondo inclinato del condensatore, si riversa nel serbatoio di sinistra ove la salamoia si raccoglie al fondo mentre il butano, specificamente più leggero, vi galleggia sopra.

Una pompa aspira da qui la salamoia mandandola nel canale di refrigerazione esterno ove congela di nuovo, mentre il butano giunge in un lungo serbatoio situato direttamente sopra il condotto d'adduzione dell'acqua «calda» aspirata dal mare. Il serbatoio del butano e questo condotto d'acqua marina sono provvisti di numerosi ugelli, compenetrantisi a coppie. Attraverso tali ugelli il butano liquido viene intimamente mescolato all'acqua « calda » di mare; la miscela finisce nel vaporizzatore ubicato sotto il pavimento della sala turbine.

L'intimo mescolamento con l'acqua « calda » del mare fa sì che il butano, che esce dal condensatore raffreddato a — 22° gradi, si riscaldi rapidamente e vivamente si trasformi in vapore. Il quale fluendo nei brevi tubi che collegano il vaporizzatore alle turbine, aziona le ruote di queste fornendo dell'energia meccanica. L'acqua invece, nel mescolarsi al butano che le sottrae il suo calore, diventa ghiaccio. Siccome questi pezzi di ghiaccio sono più pesanti del butano, scendono in basso e scorrendo lungo il fondo inclinato del vaporizzatore giungono ad un serbatoio di raccolta visibile a sinistra in fig. 14, da dove, sottopassando un tramezzo, tornano all'aperto.

La potenzialità di un simile impianto dipende in prima linea dalla quantità di salamoia producibile, che a sua volta dipende dalla estensione dei canali refrigeratori. Del resto il calcolo informa che l'energia ricavabile da un metro cubo d'acqua a + 2 gradi, con una temperatura dell'aria esterna di — 22 gradi ed assumendo un rendimento termico dell'impianto di solo il 4 %, equivale all'energia ottenibile da un metro cubo d'acqua che cade da 1200 metri d'altezza.

Per sfruttare un salto idraulico di tale altezza sarebbe necessario un esteso e costoso impianto idroelettrico. Nella centrale Barjot invece il salto termico è contenuto in uno spazio minimo, poichè la sorgente calda è separata da quella fredda solo dallo spessore della banchiglia.

Ciò rappresenta uno straordinario vantaggio, anche di fronte al sistema *Claude,* le cui due sorgenti termiche si trovano a distanza assai maggiore, perchè non occorrono allora grandi mezzi costruttivi. Epperciò una centrale Barjot si può erigere con una spesa relativamente modesta. *Barjot* reputa il costo d'impianto di sole 450 lire per chilowatt di potenza nominale, mentre le centrali idroelettriche costano parecchie volte di più. Probabilmente l'inventore è da questo lato troppo ottimista.

Per l'installazione di simili centrali vengono in prima linea in considerazione il Canadà e la Siberia settentrionali, l'Alaska, la Groenlandia, l'Islanda e le rive del Mar Bianco, poichè l'impresa è tanto più redditizia quanto più a lungo nella regione in questione regna l'indispensabile bassa temperatura dell'aria. Questa esigenza è naturalmente soddisfatta anche nelle lande antartiche ma solo che qui non si presenterà un bisogno d'energia se non quando s'incomincerà a sfruttare le ricchezze del suolo che certamente il continente antartico possiede.

Barjot vorrebbe realizzare il suo progetto dapprima nel Canadà; recenti ricerche geologiche hanno rivelato che lungo le coste della baia di Hudson e dell'Oceano Glaciale Artico, esistono cinque milioni di chilometri quadrati di territorio, ricchissimo d'ogni sorta di minerali. Per ora esso è del tutto trascurato, poichè non si riesce con i mezzi usuali ad attaccare il suolo profondamente congelato (1).

Quanto rapidamente cambierebbe questo stato

(1) Per esempio nel Klondyke i minatori possono coltivare i filoni d'oro affioranti solo se prima rammolliscono il terreno con getti di vapore.

di cose se in quelle regioni fosse disponibile della corrente elettrica a buon mercato, quindi della energia, della luce, del calore a basso prezzo! Lo stesso dicasi per il bacino del Mackenzie (Canadà) con le sue grandi riserve di petrolio, per l'oro ed i minerali di zinco in vicinanza del Lago degli Schiavi (Canadà), per i minerali di ferro delle isole Belcher (Canadà) e gli immensi giacimenti di minerali ad alto tenore di rame al Coppermine-River ad oriente del Great Bear Lake, a 67° di latitudine nord.

Il Canadà settentrionale, cosparso com'è di laghi, offre anche all'interno del paese delle località favorevoli all'impianto di centrali Barjot. Aggiungiamo che proprio durante i pochi mesi estivi, nei quali queste centrali Barjot producono per ragioni ovvie minor corrente, la fusione dei ghiacci dei fiumi e dei salti d'acqua metterebbero in compenso a disposizione quantità enormi d'energia. L'accoppiamento di queste due possibilità assicurerebbe il massimo fabbisogno d'energia durante tutto l'anno e renderebbe colonizzabili territori finora considerati come del tutto inospitali e non redditizi.

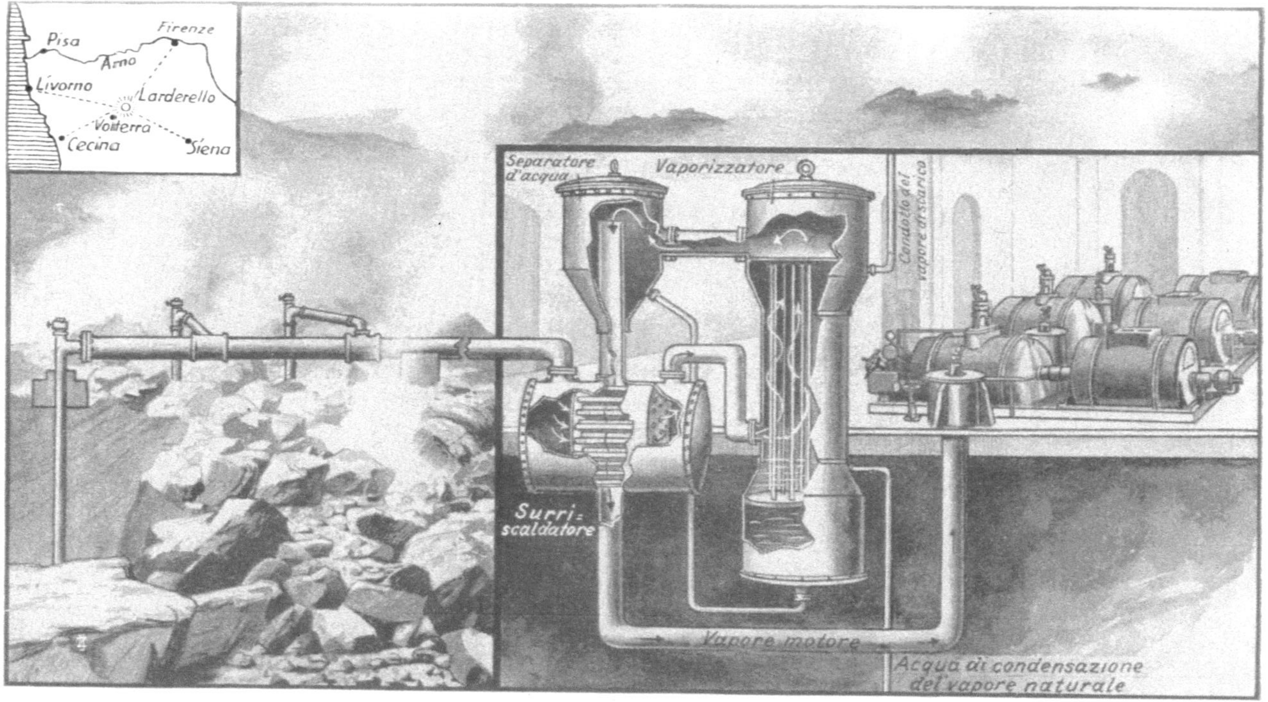

TAVOLA XI.

Schema del primitivo impianto di funzionamento della centrale di Larderello quando erano in uso gli evaporatori. (Vedasi il testo a pag. 136).

Del resto l'esercizio delle centrali Barjot non è affatto limitato alle regioni polari, poichè anche a latitudini meno alte regnano per diverso tempo delle temperature fino a — 18 gradi. Nelle regioni industriali nord-americane fra la baja di Hudson ed i Grandi Laghi per esempio, simili temperature non rappresentano affatto una rarità per la maggior parte dell'inverno; anche qui sarebbe possibile l'accoppiamento con centrali idroelettriche per i mesi estivi. Infine esiste ancora la possibilità di far funzionare la centrale anche ad una temperatura esterna un po' più elevata, se si ha cura d'immagazzinare il refrigerante solidificato, oppure di ricorrere ad una salamoia di concentrazione minore, che gela più presto.

Tutto considerato risulta ad ogni modo che il processo Barjot è di straordinaria importanza per l'approvvigionamento in energia, appena ora iniziato, proprio delle regioni più fredde della Terra. Inoltre, a latitudini più moderate, potrebbe più tardi, rispetto alle centrali idroelettriche, assumersi la parte che oggi fanno le centrali termoelettriche d'integrazione: accontentare cioè la maggior richiesta di energia, propria della rigida stagione invernale.

Come ci si possa rappresentare una centrale artica è mostrato dalla Tav. X. L'elevatore a tazze è qui sostituito da un nastro trasportatore che accumula i pezzi di ghiaccio in un serbatoio di riserva. Anche di questi impianti ne vedremo probabilmente sorgere nel prossimo futuro, poichè i tesori minerarî dell'Artide domandano già da tempo di venire coltivati.

9. — ED IL CALORE TERRESTRE?

Questa domanda si presenta ovvia, dopo aver appreso che si può utilizzare il salto termico dei mari a produrre energia, poichè tutti sanno che anche nell'interno della Terra esiste una riserva incommensurabile di calore. I vulcani ne sono i più convincenti testimoni. Questo calore terrestre è una dote che il nostro pianeta ricevette or sono milioni d'anni nel separarsi dal suo genitore, il Sole. A quei tempi la Terra era fluida, probabilmente dapprima un maestoso anello, che si spezzò in seguito per accartocciarsi a sfera. Allorchè questo globo andò raffreddandosi nel corso del tempo si coprì esternamente con una crosta sempre più spessa e solida. La scienza ritiene che lo spessore di questa corteccia sia d'un centinaio di chilometri. Di ciò che sta sotto non abbiamo alcuna informazione. Si suppone però che alla profondità di 200-300 chilometri la massa terrestre sia ancora fluida e ad altissima temperatura.

Questa ipotesi si basa sopratutto sulle indiscrezioni della sismologia, che studiando la propagazione delle onde sismiche attraverso la Terra ne ha rivelato la struttura interna. D'altra parte sappiamo dallo scavo dei pozzi e delle gallerie che la temperatura del suolo cresce abbastanza rapidamente con la profondità, in media di circa un grado per ogni 31 metri (gradiente geotermico).

Benchè non sia lecito basarsi su tale gradiente per desumerne la temperatura al centro della Terra, tuttavia è probabile che a 4000 metri di profondità debbano già regnare circa 120 gradi di temperatura, alla quale nonostante la maggior pressione atmosferica tutta l'acqua esistente si metterebbe a bollire. L'antica credenza del gran fuoco esistente sotto i piedi dell'umanità ha dunque un fondo di vero.

Con ciò ritorniamo alla domanda iniziale, se è possibile trarre partito da questo calore terrestre od, in altre parole, dal « carbone rosso » della Terra. Più comodo sarebbe naturalmente il poter arrivare fino alla massa ignea interna, la cui energia termica, assumendo per essa una temperatura di 5000 gradi, è stata da qualcuno calcolata equivalente a un quintilione di chilogrammetri, numero rappresentato dall'unità seguita da 30 zeri, quindi così enorme che nessuno riesce a farsene un'idea concreta. Dal punto di vista tecnico essa non ha però alcun interesse, poichè non abbiamo disponibile alcun mezzo per dominare la fornace e neppure per accedervi. Questo non significa però che non ci sia accessibile una certa parte del calore terrestre poichè anche nella crosta esistono dei focolai di magma incandescente, i cui camini costituiscono i vulcani. Non se ne potrebbe dunque utilizzare il calore?

Ancora duecento anni or sono quest'idea sarebbe apparsa assolutamente fantastica, assurda, impossibile; un'utopia che non ha trovato sostenitori neppure in *Giulio Verne.* Oggi si è già al punto di discutere seriamente il problema, se ne è anzi già intrapresa una soluzione, poichè nel dopoguerra è sorta in Italia una centrale elettrica della potenza complessiva di oltre 12 000 chilowatt, che sfrutta l'energia geotermica d'una particolarissima manifestazione vulcanica, quella dei cosiddetti « soffioni » di Larderello nelle vicinanze di Volterra in Toscana, il cui vapore alimenta, come vedremo, le turbine della straordinaria centrale. I soffioni sono appunto, come si sa, dei getti di vapore sfuggenti da crepacci del suolo che impartiscono alla regione un certo aspetto di bolgia infernale e furono alquanto motivo di terrore degli antichi abitanti che vi vedevano l'opera del diavolo.

Fin dal 1777 il *Hoefer* aveva scoperto che nel vapore dei soffioni o fumarole e nelle acque dei « lagoni » o pozze d'acqua nel cui fondo si aprono i crepacci da cui sfugge il vapore, era contenuto dell'acido borico, il che diede origine all'industria boracifera toscana fondata nel 1818 da *Francesco De Larderel* e la cui opera viene oggi continuata dalla Società Boracifera di Larderello, di cui è presidente il principe senatore *Piero Ginori Conti.* Ed è a questi ch'è dovuta la geniale idea, messa in atto nel 1904 di eseguire delle esperienze tendenti ad utilizzare il contenuto termico dei soffioni alla produzione di energia motrice.

La prima macchina a vapore della potenza di circa $^3/_4$ di cavallo vapore cedette ben presto il posto ad una seconda macchina di maggior potenza (circa 40 cavalli vapore) accoppiata ad una dinamo per il servizio d'illuminazione dello stabilimento boracifero. Questa macchina, funzionò per oltre 15 anni ed è ancora adesso in buono stato.

Dopo questa prova fu rivolta una maggior attenzione ad ottenere maggiori masse di vapore, perfezionando la tecnica delle perforazioni. Si abbandonò il sistema antiquato delle sonde manovrate a braccia, con le quali non si potevano scavare che dei fori profondi poche decine di metri e del diametro di pochi centimetri, fornenti portate troppo piccole di vapore, e si ricorse agli argani mossi dal vapore. Anche il rivestimento dei fori venne migliorato, ricorrendo ai tubi di lamiera saldati con fiamma ossiacetilenica; si aumentarono i diametri, si raggiunsero maggiori profondità e si ottennero quantità di vapore tali da nutrire la speranza di generare col loro mezzo dell'energia elettrica in scala industriale come sottoprodotto dell'industria chimica.

In queste condizioni si rendeva possibile l'impianto di una prima centrale di notevole potenza, il che avvenne nel 1912-1914, solo che si dovettero superare notevoli difficoltà derivanti in parte anche dai fenomeni di corrosione del vapore ricco di sostanze chimiche; la soluzione venne trovata facendo riscaldare da parte del vapore naturale un evaporatore in cui dell'acqua pura forniva il vapore d'alimentazione delle turbine. Uno schema dell'impianto è visibile nella Tav. XI.

Il vapore naturale riscalda dapprima, attraversandolo, un surriscaldatore, per lambire in seguito dall'esterno i tubi di un evaporatore; il vapore naturale funge quindi da semplice riscaldatore, condensandosi in parte, mentre il resto, insieme ai gas trascinati con sè, passa per il condotto superiore di scarico e va allo stabilimento per l'astrazione dei prodotti chimici.

Entro i tubi dell'evaporatore si produce del vapore puro che passando per il surriscaldatore si trasforma appunto in vapore surriscaldato di alimentazione della turbina a bassa pressione. Il vapore di scarico delle turbine passa infine in un condensatore ove ridiventa acqua, pronta a rifare il ciclo anzidetto. Alla turbina è accoppiato un alternatore di 250 chilowatt.

L'uso del vapore naturale come semplice mezzo di riscaldamento e non per azionare direttamente le turbine, s'imponeva per la grande quantità di gas in esso contenuta, che avrebbe richiesto un impianto di pompe eccessivo, per mantenere nel condensatore il vuoto necessario al funzionamento delle turbine. Comunque il risultato di questo primo impianto fu così soddisfacente che ben tosto si pensò ad installare altri tre gruppi turbo-alternatori ciascuno della potenza di circa 3000 chilowatt, e che andarono in funzione entro il 1917, mentre il gruppo di 250 chilowatt venne trasportato allo stabilimento del Lago, ove furono eseguiti gli studi che condussero alla sostituzione degli evaporatori con le nuove caldaie tipo Bringhenti.

Gli evaporatori rappresentavano una complicazione d'impianto, nonchè una diminuzione del rendimento, epperciò occorreva poter usare il vapore al suo stato naturale, dopo aver risolto naturalmente il problema di spogliarlo dei gas che trascinava seco. La caldaia Bringhenti è in realtà piuttosto un separatore per via fisica dei gas contenuti nel vapore dei soffioni. Ne daremo una breve descrizione, con le parole del figlio del senatore *Ginori Conti* medesimo (1):

La caldaia è essenzialmente costituita da due grossi corpi cilindrici, uno orizzontale e l'altro

(1) Vedasi: « L'Elettrotecnica », Vol. XIX, N. 28.

verticale, collegati fra loro. Nel primo, contenente acqua fino ad una certa altezza, il vapore del soffione sfugge dai numerosi forellini di un tubo, attraversando la massa dell'acqua in cui il detto tubo adduttore è completamente immerso. Quest'acqua così riscaldata, scioglie pochissimo i gas ed essi vengono ad accumularsi nella camera sovrastante il livello dell'acqua, dalla quale camera sfuggono attraverso una tubulatura munita di una saracinesca la cui apertura viene convenientemente regolata.

Una centrifuga sottrae dal fondo del primo corpo della caldaia l'acqua bollente a causa della condensazione del vapore naturale e depurata, come già detto, quasi totalmente dai gas, per proiettarla in pioggia minuta nell'interno del corpo verticale ove essa, in funzione della sua temperatura e del regime di pressione mantenuto in questo secondo corpo, passa allo stato di vapore saturo quasi assolutamente puro. È con questo vapore che si alimentano le turbine. Per sottrarsi poi agli inconvenienti derivanti dalla corrosione dei tubi dei condensatori, si sostituirono ai condensatori a superficie, fino allora adoperati, quelli a miscela, in cui il vapore si mescola direttamente all'acqua refrigerante.

L'adozione dei condensatori a miscela (1920) e delle caldaie Bringhenti (1923) segnò il principio dell'esercizio veramente sicuro e regolare della centrale di Larderello, che potè sempre sopperire alle esigenze delle società di distribuzione d'energia elettrica della Toscana, alle cui reti si trovava collegata.

Per quanto riguarda i progressi conseguiti nell'estrazione del vapore, il *Ginori Conti* aggiunge che i perfezionamenti raggiunti nella difficile tecnica della trivellazione del suolo in presenza di grandi masse di vapore e quelli apportati ai macchinari delle sonde, gli studi geologici della regione, ecc., furono di tanta importanza che dai fori profondi in media da 100 a 150 metri e con delle portate orarie di 30 000 chilogrammi di vapore si passò gradualmente a profondità doppie e triple ed a portate di oltre 60 000 chilogrammi all'ora.

Recentemente, poi, con fori eccezionali, con i cosiddetti « soffionissimi » perforati con nuovissima tecnica, si sono conseguite enormi quantità di vapore in condizioni di temperatura e pressione notevolmente migliori di quelle precedentemente ritenuti normali. Il primo soffionissimo di Larderello, ultimato nel marzo 1931 eroga alla pressione di 4,5 atmosfere assolute oltre 200 000 chilogrammi di vapore all'ora, surriscaldato di una cinquantina di gradi, poichè esce alla temperatura di 205 gradi centigradi.

Il secondo soffionissimo, ultimato nell'aprile del 1932 ha una portata di poco inferiore al primo, mentre presenta le stesse condizioni di temperatura e pressione. Un terzo soffionissimo, perforato a Serrazzano ha una portata quasi eguale al secondo, ma la pressione è di 5 atmosfere assolute.

Dai soffioni si dipartono le condutture che portano il vapore alla centrale e precisamente prima a dei separatori che lo liberano dei minuti frammenti di roccia ch'esso trascina; indi alla batteria di caldaie Bringhenti; il vapore puro che ne esce passa in un grosso collettore, dal quale si staccano le prese per i gruppi turbo-alternatori.

Va poi ancora ricordato che esiste un quarto gruppo turbo-alternatore, il quale, al contrario degli altri, è azionato direttamente dal vapore quale esce dai soffioni, con forte economia nelle spese d'impianto, manutenzione ed esercizio, poichè restano aboliti i depuratori, il condensatore coi relativi annessi di condutture e pompa. Uscendo dalla turbina il vapore passa allo stabilimento chimico che sfrutta ancora, negli apparecchi di concentrazione, il calore del vapore non utilizzato nella turbina. È facile immaginare quanto questa soluzione sia conveniente, tanto più che la turbina marcia anche sotto sovraccarico per migliaia d'ore senza alcun inconveniente.

Intanto i soffionissimi di Larderello permetteranno di portare presto la potenza generata a 30 mila chilowatt e con l'estendersi delle perforazioni e con l'impianto di nuove centrali il *Ginori Conti* prevede di passare successivamente alla produzione di mezzo e persino di un miliardo di chilowattore all'anno. Se a questa radiosa prospettiva seguirà la pratica realizzazione sarà fatto un magnifico passo innanzi nello sfruttamento del carbone rosso in sostituzione di quello fornito da quello fossile. In quanto poi a progetti d'altri sfruttamenti, vanno citati gli studi per utilizzare il calore del Vesuvio e magari eziandio quello dell'Etna, finora però senza pratica applicazione.

Ma anche fuori d'Italia ci si interessa del problema, specialmente negli Stati Uniti e nell'Isola di Giava. In California si trova una catena montuosa ricca in vulcani spenti, chiamata Coast Range, sul cui fianco occidentale vi sono numerose sorgenti naturali di vapore. Probabilmente vi è un focolaio magmatico a poca profondità i cui gas riscaldano tutta la regione in modo che l'acqua bolle già a pochi metri sotterra.

Nell'estate del 1921 la General Electric Co. fece un primo tentativo di captare del vapore ad alta pressione e temperatura. Da quel tempo si forarono altri pozzi che diedero in parte grandi quantità di vapore a 150-190 gradi e pressioni fino di 13 atmosfere. Si installò dapprima un piccolo gruppo turbina-generatore di 35 chilowatt a scopi d'illuminazione e per il funzionamento delle sonde. Si controllò anche mediante misure ad intervalli regolari, se la portata di vapore si manteneva costante. Ciò che venne infatti riscontrato; anche dei pozzi trivellati in vicinanza di altri già esistenti, erano senza influenza sulla produzione di vapore.

A Giava vennero eseguite nel 1926 delle ricerche analoghe in una regione vulcanica ed i pozzi scavati dai geologi olandesi diedero risultati ottimi, tanto da poter calcolare su una potenza di 900 chilowatt in media per ogni pozzo ed un prezzo della corrente elettrica prodotta molto inferiore a quello di un'equivalente centrale idroelettrica.

Come si vede, in questo campo, oltre che degli inizi, ci sono pure stati dei successi e non vi è dubbio che anche in altri punti della Terra si procederà nello stesso senso, appena che si riuscirà ad eliminare gli ostacoli ancora esistenti. Il Giappone, La Nuova Zelanda, l'Islanda, l'Alaska con la sua valle delle diecimila fumarole, forse il più grande campo di fumarole della Terra, sono paesi che offrono tutti condizioni particolarmente favorevoli per lo sfruttamento delle nuove sorgenti d'energia di cui qui si tratta.

Ma non bisogna credere che sieno soltanto delle regioni vulcaniche che permettano un'utilizzazione del calore terrestre. Esse sono le avanguardie, che debbono raccogliere i primi risultati sperimentali. Si dovrà riuscire un bel giorno ad avere disponibile nel modo più generale ed ovunque il calore della Terra.

Anche questa idea è già stata espressa ed esiste persino un progetto, propugnato nientemeno che da Sir *Charles Parsons*, l'inventore della turbina a vapore che porta il suo nome. Egli prende le mosse dal fenomeno ben noto ai geologi che anche in regioni nelle quali il vulcanismo è completamente spento, vi sono delle località in cui il gradiente geotermico (vedasi pag. 132) non è come altrove di circa 31 metri, bensì molto minore, sì da registrare già in pozzi relativamente poco profondi delle temperature abbastanza elevate.

In tali punti *Parsons* vorrebbe con tutti i mezzi tecnici disponibili scavare dei pozzi fino ad incontrare una temperatura di circa 200 gradi centigradi. Al che bisognerebbe probabilmente scendere fino alla profondità di 6-7 chilometri. Di tali pozzi *Parsons* ne abbisognerebbe ogni volta un paio, rivestiti in tubo d'acciaio e comunicanti tra loro alla base mediante vaste cavità sotterranee.

Attraverso uno dei pozzi si immetterebbe costantemente dell'acqua, la quale si riscalderebbe ben presto lungo il tragitto per evaporare alla fine; il vapore salirebbe lungo il secondo pozzo e servirebbe all'azionamento di grandi turbine. In sostanza *Parsons* vorrebbe imitare la natura nei suoi fenomeni vulcanici, come a Larderello, ma

Tavola XII.

Progetto di Ramsay per gasificare giacimenti di carbone la cui coltivazione non è redditizia.

in regioni in cui il vulcanismo è totalmente cessato. In questo sistema la caldaia è sotterranea ed a riscaldarla ci pensa il fuoco terrestre.

L'energia che si può ricavare da un simile impianto dipende in ultima analisi dalla portata oraria dell'acqua immessa, il cui salto si potrebbe del resto ancora utilizzare idraulicamente negli strati superiori del suolo. Delle centrali idroelettriche che smaltiscono una decina di metri cubi d'acqua al secondo non sono una rarità. Questa quantità d'acqua riscaldata a 160 gradi rappresenta una potenza di circa tre milioni di chilowatt. E siccome abbiamo calcolato in un miliardo di cavalli vapore, cioè in circa 750 milioni di chilowatt la potenza che sarà presumibilmente necessaria all'umanità nel 1970, così 250 centrali, del genere più sopra descritto, sarebbero più che sufficienti per coprire durante alquanti decenni il fabbisogno totale di potenza del mondo. Ciò dimostra nel miglior modo quali enormi riserve di energia ci riserba il calore della sola crosta terrestre.

Il male è che per ora non ne possiamo usufruire, poichè a trivellare dei pozzi profondi da 6 a 7 chilometri non bastano di gran lunga i nostri attuali mezzi tecnici. Ed ancor meno siamo in grado di scavare a simili profondità dei vani, quali sono necessari per collegare tra loro i due pozzi. Queste ed altre obiezioni sono state mosse al progetto, per dimostrarne l'utopia.

Ma anche qui si dimentica che questo problema è destinato a venire risolto solo in un avvenire ancora lontano, che sicuramente potrà disporre di mezzi tecnici ben superiori a quelli del nostro tempo.

Chi avrebbe detto cent'anni fa che dei palombari avrebbero potuto scendere a centinaia di metri sotto il livello del mare in cerca di tesori affondati? Perchè allora fra un altro centinaio di anni non dovrà essere possibile di scavare pozzi a profondità oggi irraggiungibili e far lavorare al loro fondo delle macchine edili con l'aiuto d'un raffreddamento artificiale?

Esiste però ancora una variante di questo progetto, senza la caldaia sotterranea e con un focolare artificiale invece che naturale; un'idea resa nota nel 1914, da Sir *William Ramsay*, il celebre scopritore dei gas rari, in seguito agli accertamenti del Congresso Geologico del 1913, che prendemmo a base delle nostre considerazioni.

Ramsay pensò che il mezzo più semplice per scongiurare la minacciosa carestia di carbone fossile sarebbe sicuramente lo sfruttamento dei molti giacimenti di carbone che oggi non si possono coltivare perchè troppo magri. Ciò vale per banchi aventi uno spessore inferiore agli 80 centimetri e praticamente le condizioni sono tali che quasi i tre quarti di tutte le riserve conosciute di carbone della Terra hanno questa caratteristica (si cfr. a pag. 2).

Ramsay prende l'esempio per uno sfruttamento di simili giacimenti oggi non redditizi, dalle miniere di sale. Anche in queste càpitano in molti punti dei giacimenti molto magri che non si possono coltivare minerariamente. Allora si inietta in profondità dell'acqua sotto pressione e si scioglie il sale; mediante delle pompe si riporta alla superficie la salamoia, da cui il sale viene in seguito estratto mediante condensazione.

Il carbone non lo possiamo sciogliere poichè non conosciamo per esso solvente alcuno. Ma lo si può accendere in luogo per via elettrica e mediante un tubo addurre alternativamente al giacimento di carbone fossile dell'aria compressa e del vapore acqueo. Con l'aria compressa si ravviva ogni volta il focolaio; il carbone brucia formando dell'ossido di carbonio che col vapore acqueo iniettato successivamente, dà, in presenza del carbone incandescente, del gas d'acqua. Questo gas che si presta ottimamente per azionare macchine a gas ed anche per riscaldamento, verrebbe aspirato dallo strato di carbone in combustione mediante un largo tubo, purificato e raccolto in grandi serbatoi. La Tav. XII dà un'idea approssimativa di un simile impianto di gasificazione del carbone.

Con il gas prodotto si potrebbero far funzionare motori a gas e quindi dei generatori elettrici. Simili centrali esistono già da tempo negli attuali stabilimenti siderurgici, solo che allora invece del gas d'acqua si usa il gas che esce dagli alti forni. Ed ora una domanda: alla produzione d'elettricità occorre proprio in tutti i modi una macchina motrice ed un generatore? Non esiste una via diversa che conduca allo stesso scopo? Non sarà un giorno possibile trasformare direttamente del calore o delle radiazioni luminose in elettricità? La risposta è che queste trasformazioni sono invero realizzabili, ma finora solo nei laboratori. Tecnicamente quindi la parola spetta alle future generazioni. Vedremo nel prossimo capitolo quali speranze si posseggano in proposito.

10. — L'ESTREMA MIRA

La questione della trasformazione diretta del calore in elettricità occupa la scienza e la tecnica da oltre un secolo, da quando cioè *Tomaso Giovanni Seebeck* scoprì quel fenomeno che i fisici chiamano brevemente « termoelettricità ». Molti lettori si ricorderanno forse ancora dalla scuola la rispettiva esperienza fondamentale. Si saldano tra loro, per uno degli estremi, due strisce di metallo diverso e si riscalda il punto di giunzione.

Il risultato è lo stabilirsi di una corrente elettrica che si può riscontrare unendo le altre due estremità, quelle libere, ad un galvanometro. Fin qui tutto è in ordine, solo che il « ma » viene dopo. Nessuno sa ancora oggi con qualche precisione che cosa succede nell'interno dei metalli durante questo fenomeno. Di conseguenza ci manca ogni possibilità di piegarlo ai nostri desiderii.

Dalle prove fino ad oggi eseguite in proposito

non è risultato, nel caso più favorevole, che un rendimento di forse l'uno per cento. Quindi solo 1/100 dell'energia termica addotta viene realmente utilizzata a produrre elettricità. Perciò naufraga ogni e qualsiasi sfruttamento in grande stile.

Per fortuna la « pila termoelettrica » non è l'unica strada per raggiungere lo scopo in questione. La scienza sa già da lungo tempo che il processo d'ossidazione del carbone, chiamato comunemente « combustione » si può regolare in modo da non ottenere dell'energia sotto forma di calore, bensì d'elettricità. Questa « combustione fredda » può, nelle condizioni più favorevoli, presentare un rendimento anche del 95 %. Il processo viene chiamato col nome di « combustione fredda » perchè il carbonio si combina con l'ossigeno dell'aria senza dar luogo a sviluppo di calore o fiamma.

Con ciò non è detto che il processo si svolga alla temperatura normale, poichè una combinazione fra carbonio ed ossigeno è possibile solo a temperature relativamente elevate. Nella « combustione », cioè nel consumo di carbone, sta la differenza fondamentale fra la « pila a combustione » basantesi su questo principio e le pile galvaniche il cui più noto rappresentante è la Leclanché a cloruro d'ammonio, che aziona i nostri campanelli elettrici. Anche in questa il carbone costituisce uno degli elettrodi mentre l'altro è di zinco. Ma ciò che vi « brucia » è il costoso zinco mentre il carbone rimane invariato.

Il primo che si assunse il compito di costruire una pila che consumasse non un costoso metallo ma l'economico carbonio fu il fisico francese *Becquerel*, lo scopritore della radioattività. Egli fece le sue prove già un'ottantina d'anni or sono. Le sue tracce vennero più tardi seguite da altri ricercatori, fra cui anche lo svizzero *E. Baur*, che dopo lunghe esperienze con mezzi relativamente ridotti giunse ad un risultato notevole, per cui il suo sistema è praticamente il più promettente.

La pila a combustione del *Baur* consta di un grande recipiente refrattario che mediante riscaldamento esterno viene tenuto ad una temperatura di circa 1000 gradi. In questo recipiente si trova del rame fuso sul quale galleggia uno spesso strato, pure fuso, di ossido (scoria) di rame. Nel rame liquido è immerso un tubo di ferro, attraverso il quale viene insufflata dell'aria. Questo tubo costituisce in pari tempo il polo positivo della pila fornente corrente continua, mentre come polo negativo serve un blocco di carbone immerso nella scoria superficiale, senza che però venga a contatto del sottostante rame.

Così stando le cose, appena si insuffla dell'aria nel tubo, trova luogo il seguente processo: l'ossigeno dell'aria si combina col rame formando dell'ossido di rame, che essendo specificamente più leggero, sale in alto ove incontra il blocco di carbone. Il carbonio e l'ossido di rame, sotto l'influenza dell'alta temperatura reagiscono allora tra loro in modo che il carbonio brucia formando ossido di carbonio mentre l'ossido di rame si riduce di nuovo a rame. In questa trasformazione si liberano degli elettroni che compaiono all'esterno sotto forma di corrente elettrica.

Nell'intero processo non vengono consumati che carbonio ed ossigeno; il rame trasformato in scoria viene sempre di nuovo ridotto a rame. Con ciò le trasformazioni non sono affatto finite. La combustione del carbonio (C) ad ossido di carbonio (CO) non rappresenta infatti alcuna utilizzazione completa dell'energia contenuta nel carbone, poichè ciascun atomo di carbonio può legare a sè non solo uno, bensì due atomi di ossigeno.

Perciò il *Baur* convoglia tosto l'ossido di carbonio in un secondo, un po' più complicato apparecchio, nel quale esso brucia in un ambiente di circa 800 gradi formando del biossido di carbonio od anidride carbonica (CO_2).

Anche questo processo viene regolato in modo che non ne risulti del calore bensì dell'elettricità. Dell'energia totale se ne può rendere così disponibile non meno del 60 per cento. Di fronte al bilancio energetico dell'attuale giro vizioso attraverso la caldaia, la turbina a vapore ed il generatore di corrente elettrica, ciò rappresenta un progresso veramente notevole ([1]).

Con le prospettive che qui si aprono potremmo essere veramente contenti, se nell'intero processo non si nascondesse un fattore assai dispendioso: la necessità di mantenere costantemente i recipienti ad una temperatura di circa 1000 gradi centigradi. Questa condizione preliminare è la causa prima della perdita del 40 per cento di

([1]) Il rendimento economico delle turbine a vapore più moderne ammonta nel caso più favorevole al 30%, mentre i generatori attuali di corrente elettrica hanno un rendimento del 95% in media.

rendimento in un processo che in teoria dovrebbe dare il cento per cento.

Ma le cose cambiano se si combina l'idea della pila a combustione con l'ardita proposta di *Ramsay* di una gasificazione dei giacimenti non sfruttabili di carbone, perchè troppo magri, dell'interno della Terra. Ove simili impianti ci fossero, si potrebbero riscaldare le pile a combustione con gas d'acqua. Si piglierebbero così due piccioni ad una fava: lo sfruttamento delle enormi riserve di carbone non minerariamente coltivabili e la produzione di un calore a buon mercato per il funzionamento delle centrali a combustione.

In simili centrali non comparirebbero più dei camini; niente fumo, fuliggine, locali di caldaie, turbine, generatori. In immensi capannoni si vedrebbero serbatoi refrattari grandi come case, pieni di rame in fusione, analoghi a dei forni Siemens-Martin, riscaldati a gas e collegati mediante tubi colossali a compressori azionati elettricamente aventi l'ufficio di soffiare continuamente dell'aria nella massa fusa.

Il rinnovamento del carbone consumato avverrebbe mediante una costante insufflazione di carbone polverizzato. L'intero esercizio sarebbe perciò totalmente automatizzato. Alla sorveglianza basterebbero pochi ingegneri.

Naturalmente si presenta qui ancora la domanda se in un avvenire che riuscirà a risolvere simili compiti, non si sarà anche per il resto così progrediti, che persino la « combustione fredda » non risulti un giro vizioso. Probabilmente si conosceranno fino allora da tempo tutte le possibilità delle pile termoelettriche, in modo da riuscire a trasformare per questa via il calore terrestre direttamente in elettricità.

Forse si sarà pure in grado fino allora di ricavare senz'altro questa elettricità dalla radiazione solare per mezzo dell'effetto fotoelettrico, poichè in piccolissima scala ci si riesce già oggi. Gli ultimi progressi in questo senso si ricollegano al nome del fisico tedesco *B. Lange.*

Questi ha costruito un piccolo apparecchio composto in sostanza di lastre di rame e di strati di ossido di rame che, in contrapposto delle note cellule fotoelettriche, può lavorare alla pressione atmosferica normale. Appena la serie di lastre viene sottoposta all'irradiazione solare vi trovano luogo delle reazioni chimiche accompagnate dalla produzione d'una corrente elettrica. Anche in questo caso il rendimento non è limitato come con le motrici termiche. I principî termodinamici assicurerebbero, più che con le pile a combustione, un rendimento teorico di non meno del 95 %. Ma anche qui dobbiamo sperare nel futuro poichè provvisoriamente si tratta, in queste ricerche, solo di prove di laboratorio.

Ancor meno si può dal punto di vista delle « possibilità attuali » prevedere che risulterà da un terzo problema, il più grande che la fisica tecnica abbia ancora da risolvere: l'utilizzazione dell'energia interatomica, ottenibile dalla disintegrazione artificiale degli elementi. *Einstein* ci ha insegnato come valutare l'energia insita nella materia. In una goccia d'acqua è latente — secondo i suoi calcoli — tanta energia da fornire per un intero anno 200 cavalli vapore. Perciò si tratta di valori che — rapportati alla stessa scala — sono centomila, anzi milioni di volte maggiori di quelli che ci forniscono la combustione ed altre reazioni chimiche. Solo che non conosciamo per ora alcun mezzo per scatenare queste forze interatomiche. Con le sostanze radioattive possiamo solo assistere come l'energia interna degli atomi si scarichi per via naturale. Ma tali sostanze sono o troppo rare o troppo inerti per poterle sfruttare come produttrici d'energia. E quando riesciamo a provocare artificialmente simili reazioni interatomiche — scardinando il nucleo degli atomi — il risultato energetico è troppo meschino per interessare l'ingegnere.

Alcuni anni fa sembrava che la fisica avesse potuto afferrare almeno per il codino il gran segreto, poichè si sentì parlare di trasformazione dell'idrogeno in elio. Ma la notizia si dimostrò falsa. Perciò questo campo rimane provvisoriamente chiuso allo sfruttamento, finchè la scienza non ne avrà un bel giorno fornita la chiave. Se dovranno passare degli anni o delle generazioni, questo nessuno può prevederlo.

Un bel giorno però l'umanità arriverà anche a questo punto ed allora riderà degli immensi impianti termici ed idraulici attuali che procurano — ancora ineguatamente — l'elettricità all'uomo. Ed invece di soddisfare alla voracità di gigantesche caldaie con materiali combustibili preziosi come il carbone e l'olio, od invece di erigere innumerevoli dighe di ritenuta, costruirà delle nuove piccolissime macchine liberanti dell'energia atomica, col risultato che la loro potenza supererà di migliaia di volte quella delle loro antenate.

Allora scomparirà tutto quanto si riferisce al trasporto di combustibili da un punto all'altro della Terra, poichè il fabbisogno annuo di una centrale elettrica si potrà contenere in una bottiglia e per qualsiasi lavoro si consumerà naturalmente ovunque dell'elettricità. Se si meditano profondamente tali possibilità fino alle loro estreme conseguenze, si svolge davanti agli occhi una grandiosa visione energetica che supera di gran lunga i più arditi desideri della tecnica moderna.

L'umanità potrà disporre di quantità illimitate d'energia, altrettanto adatta a seminare la morte e la distruzione quanto la vita e la felicità. Se la civiltà non sarà matura per questa potenza quando la riceverà dalle mani della tecnica futura, allora popoli e Stati correranno il rischio di venire annientati dalle armi strapotenti degli uomini in guerra tra loro.

Finito di stampare
il VI Marzo MCMXXXIV - XII
con i tipi delle
Industrie Grafiche Italiane Stucchi
Milano